KB241973

for a better life

–

**architecture**

이 도서의 국립중앙도서관 출판예정도서목록(CIP)은 서지정보유통지원시스템 홈페이지(http://seoji.nl.go.kr)와
국가자료공동목록시스템(http://www.nl.go.kr/kolisnet)에서 이용하실 수 있습니다. (CIP제어번호: CIP2015011927)

일러두기
이 책은 2013년 12월부터 최근까지 월간 〈행복이가득한집〉에 연재되었던 기사를 단행본으로 재편집한 것입니다.
단행본으로 엮으면서 내용이 추가·보강되었습니다.

# 우리 집 어떻게 지을까?

글과 사진
**허은순**

*design*house

"당신이
어떻게 좀 알아서
해 봐!"

도저히 집 짓는 일에 신경을 쓸 여력이 없는 남편이 던진 말이었습니다. 건축에 대해 내가 뭘 안다고 '어떻게 알아서' 하지? 하지만, 이 일은 거기서부터 시작되었습니다. 글만 쓰던 사람이 하루도 빠지지 않고 건축 현장에서 소장 노릇을 할 줄 누가 상상이나 했겠어요. 하지만, 집 짓는 일이 평생에 두 번 있을 일이 아니라 처음부터 끝까지 기록해야겠다고 생각했습니다. 그리고 아줌마는 아무것도 몰랐기 때문에 공부를 하기 시작했습니다.

　　집을 짓고 싶어 하는 사람들이 무척 늘어났습니다. 보통 사람들에게 집 짓는 일이 어디 그리 쉬운 일인가요. 집 지으면 10년은 늙는다는 말에 지레 겁도 납니다. '골치 아파. 에라, 모르겠다' 아무 생각 없이 집 장사에게 맡겨 버리는 경우가 많습니다. 업자들 가운데는 '사람들이 어떻게 알겠어. 집만 지으면 되지' 대충 짓고 나서 팔아 버리고 떠나는 사람들도 있습니다. 하지만, 다시 생각해 봅시다. 먹고 입는 것은 하나하나 그렇게 깐깐하고 까다롭게 고르면서 수억이 넘는 집을 짓는 문제는 어떻게 그렇게 쉽게 집 장사에게 맡겨 버릴까요? 집 뒤통수를 되는 대로 깎은 뒤 가건물을 올리거나, 완공된 뒤 덕지덕지 재공사를 해서 새집을 금세 누더기로 만드는 방법 말고는 없을까요? 잠시만, 집 짓기 전에 숨 고르기부터 하자고요.

　　저는 고민이 됐어요. 무조건 싸게 지으면 되는 걸까? 남들이 하는 대로 해야 손해를 안 보는 걸까? 도대체 우리 집을 어떻게 지어야 할까? 아무것도 모르던 새댁 시절, 요리할 때 친정 엄마가 알려 주면 참 든든했죠. 집 짓는 것도 누가 옆에서 조목조목 쉽게 가르쳐 주면 얼마나 좋을까요?

　　이 책은 집 짓기 초보 아줌마가 좌충우돌하면서 시행착오를 겪었던 소소한 경험담입니다. 제가 집을 지으면서 가장 먼저 생각한 것은 집에 살

'사람'이었습니다. '어떻게 하면 싸게 지을까'를 생각하면서도 가장 중요한 것은 사람이라고 생각했습니다. 그 고민의 흔적들을 이 책에 담고자 했습니다.

2013년 여름, 집이 완공된 뒤부터 이 집에 살면서 1년 정도는 자잘한 것들을 보완해 나갔어요. 저와 이 집은 서로를 알아 가는 데 시간이 필요했어요. 겨울을 두 번 지냈더니 이제 이 집의 특징을 자연스럽게 알게 됐습니다. 그러면서 2014년 제32회 서울시 건축상 주거부분 우수상도 받게 되고, 내친 김에 우리 집을 미술관으로 동네에 개방하는 동네미술관 프로젝트도 해 보았습니다. 건축에는 문외한인 아줌마가 해내기에는 결코 쉽지 않았고, 평범하지 않은 도전이었어요. 무모한 도전으로 끝날 뻔했던 이 일이 집을 짓고자 하는 사람들에게 조금이나마 도움이 된다면 감사하겠습니다.

2012년부터 인터넷에서 '예술, 일상이 되다'라는 제목으로 2년 정도 연재하는 동안, 우리 집이 지어지는 과정을 함께 지켜보고 응원해 주었던 많은 분들에게 이 자리를 빌려서 감사드립니다. 멋진 설계로 제 삶을 새롭게 디자인해 준 나카에 유지, 다른 집 열 채 짓는 것보다 우리 집 하나 짓는 것이 더 힘들었다는 창조공간 이종선 대표에게도 감사드립니다. 무엇보다 까다로운 아줌마 때문에 너무나 고생이 많았던 이인수 소장님, 정말 수고 많으셨습니다. 한재봉 목수님, 전정호 반장님, 박남규 목수님 그리고 땀 흘려 일해 주신 모든 분들에게 고개 숙여 감사드립니다. 여러분들의 값진 노동이 없었더라면 저는 이런 집에서 살 수 없었을 겁니다. 여러분이야말로 창조공간의 챔피언입니다.

2015년 5월
창조공간 작업실에서
허은순

목차

집 짓기 전,
아줌마의 고민이
시작되다

우리 집
어떻게 지을까?

## 내 집 내 땅이라도 동네는 우리 모두의 동네

우리 동네는 내가 이사 왔던 2007년과 견주어 보면 많이 달라졌다. 이곳은 인구밀도가 낮고 큰 공원이 있어서 공기도 좋고, 사통팔달 교통까지 좋다. 반듯반듯하게 정리된 길 따라 크고 작은 마당이 있는 단독주택 동네였다. 집집마다 꽃이 흐드러지게 피어 있거나, 크고 작은 나무들이 있어서 골목골목 동네를 걷는 것이 참 즐거웠다.

그런데, 재건축 바람이 불면서 크고 작은 단독주택들이 헐리고 다가구나 다세대주택이 우후죽순처럼 들어섰다. 집 장사들이 동네를 휩쓸고 지나간 지금, 동네 풍경은 많이 변해 버렸다.

집을 짓기 전에 다시 한번 생각해 보자. '내 집 내 땅에 어떻게 집을 짓든 무슨 상관이야?'가 아니라 '내 집 내 땅이라도 동네는 우리 모두의 동네'라는 것을 말이다. 집을 단순하게 사유재로 단정 짓지 말고, 집은 한 번 지으면 오며 가며 많은 사람들이 보는 거니까 공공재로 생각하고 짓는다면? 게다가 단독주택이 아닌 다세대주택을 지으려고 한다면, 한 가지 더 기억해 주면 좋겠다. 세입자는 단순히 월세나 전세를 내는 사람이 아니라 나와 함께 살아갈 이웃이라는 것을. 작은 공간에 살아야 하는 사람들을 위한 공동주택, 소형주택일수록 건축가의 지혜가 필요하다는 것을!

나와 남편은 이 동네를 무척 좋아했다. 우리는 이 동네를 떠나고 싶지 않았다. 그렇기 때문에 집을 짓기 전에 남편과 나는 더 이상 이 동네를 망가트리지 않겠다고 마음먹었다. 차라리 그럴 바에는 짓지 말자고. 우리와 같이 한집에 사는 이웃들에게 욕먹을 짓은 하지 말자고. 건축에 대한 거창한 철학은 없었지만, 우리 생각은 단순했다. 아무렇게나 짓지 말자, 작은 집이라도 제대로 된 집을 짓자, 그것뿐이었다. 하지만, 이렇게 단순한 생각을 현실이 되게 하기까지는 산 넘어 산, 물 건너 물이었다.

집 짓기 전 모습. 이 동네에는 이런 단독주택들이 줄지어 있었다.

## 수익성만 생각하라고?

　　우리 집은 마당이 있던 단독주택이었다. 35년 동안 차곡차곡 이야기를 쌓아 온 집을 헐고 새집을 짓는 것은 쉽게 결정할 수 있는 일이 아니었다. 새집이 들어선다는 것은 우리 집 마당에 깃들어 살던 풀과 나무, 벌레와 새들, 수많은 생명들의 삶의 터전을 빼앗는 일이었다. 말 못 하는 작은 생명들은 내가 그 집에서 사는 동안 이루 말할 수 없는 기쁨을 주던 고마운 존재들이다. 지저귀는 노랫소리로 나를 깨워 하루를 시작하게 하고, 내가 고단할 때는 그늘에서 나를 쉬게 했다. 그뿐이 아니다. 단독주택을 헐고 공동주택을 짓는 것은 우리 식구들의 삶뿐만 아니라 다른 사람들의 삶의 질도 우리가 좌우하는 일이라서 부담스러웠다. 돈을 생각하면 신념이 무너지고, 신념을 따르자니 돈이 따라 주지 않았다. 오랜 고민 끝에 우리가 집을 짓는 것은 무리라는 생각이 들어 집을 내놓았다. 그랬더니 이게 웬일? 집 장사들이 터무니없는 가격으로 사려고 했다. 이상과 현실의 갈림길에서 우왕좌왕, 시간은 자꾸 흘렀다. 하루에도 몇 번씩 집을 지었다 헐었다 그렇게 잠 못 이루는 날이 이어졌다. 도대체 우리 집, 어떻게 지어야 할까?

　　빌라를 포함해서 우리나라의 다가구 또는 다세대주택에서 흔히 볼 수 있는 구조는 네모난 외관에 내부 계단을 두고, 좁은 복도 양쪽으로 현관문이 있는 구조다. 내가 가장 참을 수 없는 것이 이 부분이었다. 집 입구가 주차장 안에 있고, 어두컴컴한 계단과 복도를 지나서 집에 들어가야 하는 구조. 단독주택에 오래 산 내게는 대문 없이 필로티* 구조로 지은 다세대주택이 너무나 볼품없이 보였다. 작은 집에 살더라도 좀 더 햇빛을 받게 할 수는 없을까? 대문을 지나 한숨 돌린 뒤에 집으로 들어가는 여유를 줄 수는 없을까?

---

*필로티pilotis : 아래층을 거의 비우다시피 하고 기둥을 이용해 집을 한 단계 높은 위치로 상승시킨 건설 기법.

하지만 건축업자들이 우리 집 땅에 맞춰서 가져온 가설계도는 하나같이 비슷비슷했다. 남북으로 기다랗고 네모난 집, 세대수의 반은 북향집으로 만든 구조. 1층은 필로티로 해서 주차장을 만들고, 2, 3층은 가운데 복도를 넣고 양쪽으로 방 두 개짜리 집 또는 방 세 개짜리 집을 그냥 잘라서 앉혀 놓았을 뿐이었다.

다른 방법이 없냐고 물으면, 하나같이 우리 집 땅이 못나서 다른 방법이 없단다. 구획정리 잘되어 있는 동네에 있는 반듯한 직사각형 땅, 그것도 삼거리에 있어서 앞이 트여 있는데 '못난 땅'이라니 이해할 수 없었다. 집을 짓기 전까지는 몰랐다, 땅에도 종류가 있다는 것을. 우리 집은 1종 주거지역이라 4층까지밖에는 지을 수가 없는 땅이었다. 땅이 2종만 되어도 5층까지 올라갈 수 있는데, 그럴 수 없었다. 동서로 긴 땅이 아니라 남북으로 긴 땅이라는 것도 좋은 여건은 아니었다. 북쪽이 아닌 남쪽으로 길이 나 있는데, 남쪽으로 길이 나 있는 땅은 일조권 사선 제한이 있기 때문에 북쪽으로 길이 나 있는 땅보다 불리하다고 했다. 게다가 땅값이 너무 비싸! 네모 직각인 땅을 못난 땅이라고 하는 까닭을 그제야 알게 되었다. 집 장사들에게는 땅을 사들여서 집을 지어 팔기에는 크게 돈벌이가 안 되는 땅이었던 거다. 그렇다 하더라도 그런 설계도대로는 집을 지을 수 없어서 다시 물었다.

"유리 천장을 만들어서 입구와 계단까지 빛이 환하게 들어오도록 할 수는 없나요?"

"북향집을 없애고, 충분한 햇빛과 바람을 쐬도록 할 수는 없나요?"

이렇게 물으면, 하나같이 고개를 절레절레 흔든다. 심지어 어느 업자는 이렇게 말하기까지 했다.

"이 집은 대한민국 그 누가 와도 똑같은 설계가 나올 수밖에 없는 땅이에요. 답이 없어요. 그러니까 수익률을 어떻게 높일지만 생각하시면 돼요."

대한민국 그 누가 와도 똑같은 설계가 나올 수밖에 없는 집이라니? 수익성만 생각하라고? 하지만 나는 수익률만 생각하고 닭장 같은 집을 지을 수는 없었다. 내가 살고 싶지 않은 집을 지어 놓고 돈을 받으라는 건 너무나 모욕적인 일이었다.

ㄱ 사장은 내가 남들과 조금 다르게 집을 지으려고 한다는 걸 알고서는 이건 이래서 돈이 많이 들고, 저건 저래서 돈이 많이 드니 건축비를 올려 달라고 했고, ㄴ 사장은 동시에 십여 채를 짓는 중이라 선뜻 맡길 수가 없었다. 집 하나를 짓는 데도 이것저것 관리하고 해야 할 일이 많을 텐데, 동시에 여러 집을 짓는다면 아무래도 힘들 것 같았다. 그렇다고 우리 집만 신경 써 주길 기대한다는 건 말이 안 되는 일이고. 집 짓는 이야기를 하던 어느 날, ㄴ 사장이 내게 이렇게 말했다.

"이쪽 일에 소질이 있으신 것 같은데, 직접 지어 보시죠. 잘하실 것 같아요."

얼굴 보고 얘기하는 자리라 이렇게 점잖게 얘기했겠지만, 사실 내게 하고 싶었던 말은 이것이었을 것이다.

"네가 그렇게 잘 알면 네가 해!"

집 짓는 것은
삶을 디자인하는 것

22

## 집, 왜 건축가에게 맡겨야 할까?

업자들에게 못난 땅, 쓸모없는 땅이라고 타박을 받고 보니 은근히 오기가 생겼다. 정말 우리 땅은 쓸모없는 땅이야? 진짜 대한민국 그 누가 와도 똑같은 집밖에는 못 지어? 백번 양보해서 우리 땅이 쓸모없는 땅이라고 치자. 그렇다면, 집을 짓는다는 사람들이 왜 단점을 장점으로 바꾸는 발상은 못 하는 걸까?

나는 바로 이 부분이 업자와 건축가가 나뉘는 지점이라고 생각한다. 쓸모없는 것을 쓸모 있게 바꿀 수 있는 새로운 발상이 있느냐, 없느냐의 차이! 문제를 문제로 보지 않고 아무도 시도하지 않은 새로운 방법을 찾아 해결하는 것! 이것은 발상의 전환이 필요하고, 디자이너의 시각으로 문제를 바라볼 수 있어야 한다고 생각한다. 건축가는 집을 디자인하는 사람이다.

사람들은 대부분 설계를 방은 어디에, 부엌은 어디에, 거실은 어디에 또는 방이나 욕실을 몇 개를 둘지 내부 구조를 결정하는 일이라고 생각한다. 설계는 집을 디자인하는 일이다. 집 안에 들어가 살아야 할 사람에게 일어날 수 있는 문제를 찾아내서 혁신적이고 창의적인 방법으로 해결하는 것이다. 그런 일을 하는 사람이 바로 건축가다. 건축가는 각 분야의 기술을 이해하고 활용하는 능력이 있어야 하는 것뿐만 아니라, 건축이라는 종합예술을 능수능란하게 지휘할 수 있어야 한다.

또한 집을 어떻게 보느냐 하는 시각의 차이에 따라서 건축의 성격이 달라질 것이다. 사람보다 수익성에 더 관심이 있는 업자들이라면 집 지어서 얼마가 남는지, 달마다 월세는 얼마나 들어오는지를 먼저 생각하게 될 것이다. 집 짓고 망하지 않으려면 당연히 수익성을 무시할 수는 없다. 자선사업을 하려고 집을 짓는 것은 아니니까. 하지만 사람을 생각하기보다 수익성에 초점을 두고 짓는 건물은 어쩐지 불안하다. 조금이라도 더 남기려면 들어가는 돈을 아껴야 할 것이고, 그러자면 공사 기간을 단축하려고 무리수를 둘지도 모르고, 자재비를 아끼기 위해 값싼 자재로 대치하거나, 정품을 쓰지 않을 수도 있다. 실제로 우리 집에서도 욕실을 담당했던 사람이 눈에 잘 띄지 않는 부속품들을 정품을 쓰지 않아서 뜯어내고 재공사를 한 일이 있다. 기능은 어차피 똑같은데 정품을 쓰지 않은 것이 뭐 그리 대단한 일이냐 할 수 있지만, 정품이 아니면 본사에서 애프터서비스를 받을 수 없다.

거기에 주인마저 크기를 줄여서라도 월세를 받을 세대수를 늘리겠다고 욕심을 내면, 집은 더 이상 우리 몸을 편히 누일 집이 아니라 말 그대로 부동산, 사고파는 물건일 뿐이다.

하지만, 건축가들은 수익성보다는 사람에 대해서 더 고민할 것이다. 건축주의 부담을 줄일 수 있는 좀 더 효율적인 방법은 없는지, 형편상 작게 지어야 한다면 어떻게 공간 활용을 해서 불편을 덜어 줄 것인지, 자신이 설계한 공간이 사람에게 어떤 영향을 미치게 될지……. 건축가가 고민을 많이 한 결과물일수록 사람들은 살면서 그걸 느끼게 된다. 그리고 건축가의 지혜에 감탄하게 되고 감사하게 된다.

그렇기 때문에 집 장사의 집과 건축가가 지은 집은 다를 수밖에 없다. 건축은 토목공사, 기술, 그것을 뛰어넘은 종합예술이다. 더 나아가 예술을 일상으로 만드는 일이다. 우리의 삶을 디자인하는 일이다. 따라서 일상으로 눈높이를 맞추는 지혜로운 건축, 사람을 이해하는 따뜻한 건축이 필요하다. 그렇게 해서 건축이라는 예술이 우리의 일상에 자연스럽게 녹아들 때 내 집 내 땅은 우리 모두의 동네 풍경을 아름답게 하는 한 부분이 될 것이다.

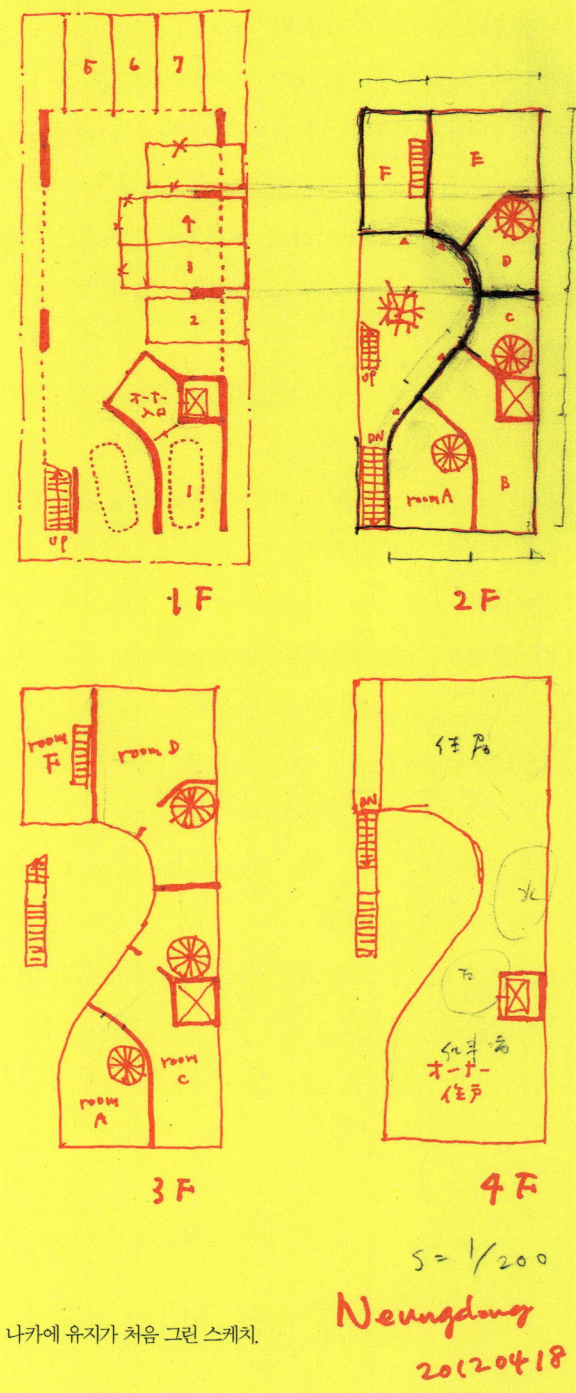

나카에 유지가 처음 그린 스케치.

## 어떤 건축가에게 설계를 맡길까?

　　　　　겨우 방향을 제대로 잡았지만 어떤 건축가를 만나야 할지 그것도 쉽지 않다. 지명도가 있는 사람은 나 같은 아줌마를 만나 줄 시간이 없을 것 같고, 만나 주겠다는 곳은 적지 않은 상담비가 필요했다. 소형주택을 지어 상을 받았다는 건축가 사무실에 전화하니, "사실 우리는 소형주택 설계가 전문이 아니"라고 하고, 어떤 곳은 건축주는 일체 관여하지 말고 건축가에게 맡길 것을 주문했다.

　　　　　어떤 건축가에게 설계를 맡길까? 이 고민은 쉽게 끝나지 않았다. 음식으로 비유해 설명하자면, 음식도 종류별로 전문 요리사들이 있다. 건축가를 고르는 일도 내가 먹고 싶은 음식을 잘하는 집을 찾아가는 것과 같다. 일식집에 가서 중국 음식 주문해 봐야 제대로 된 음식이 나올 리 없고, 한식집에 가서 스파게티를 주문하면 안 되는 것과 비슷하다. 건축가들도 저마다 전문 분야가 있다. 공공 건축을 주로 하는 건축가가 있는가 하면, 주택을 주로 하는 건축가들이 있다. 물론 역량에 따라 영역을 넘나들며 설계를 하는 경우도 많지만, 건축가들에게도 특별히 자신이 잘하는 분야가 있기 마련이다. 그렇기 때문에 만약 소형주택을 지을 계획을 가지고 있다면, 소형주택을 주로 설계하는 건축가를 찾는 것이 좋다. 주택, 특히 소형주택을 설계하는 것은 우리 일상의 문제를 해결해야 하기 때문에 주거 목적이 아닌 다른 용도로 쓰이는 공공건물이나 기타 건축물을 설계하는 것과는 많이 다르다. 밥을 먹고, 잠을 자고, 식구들과 함께 시간을 보내야 하는 '집'은 그들의 움직임을 예상해야 하는 것뿐만 아니라 사람의 일상을 깊이 고민하고 삶의 변화까지 예측할 수 있어야 한다.

건축가를 찾을 때는 무작정 유명한 건축가를 먼저 찾을 것이 아니라, 내가 짓고자 하는 집과 비슷한 건물을 설계한 경험이 많은 건축가, 건축주와 잘 소통할 수 있는 건축가, 나와 내 가족의 삶에 관심을 가지고 고민해 줄 수 있는 건축가를 찾는 것이 더 중요하다. 그동안 어떤 집을 지었는지 포트폴리오도 살펴보고, 조금 더 발품을 팔아서 그 건축가가 지은 집에 가 보자. 백문이 불여일견이라는 말은 건축에서도 통한다.

나는 사람에 대한 이해가 분명한 건축가라야 공간을 이해하고 문제의 해법도 잘 찾아낼 거라 믿는다. 남들에게 작품으로 보일, 또는 자신의 포트폴리오로 쓰일 가상의 공간을 설계하는 것이 아니라, 오로지 사람에 초점을 맞추어 설계할 때 비로소 집은 집의 기능을 온전히 다하면서도 건축가의 작품으로도 빛을 발할 수 있을 것이다.

그런데 좋은 건축가를 만나려면, 건축주들도 주의해야 할 일이 있다. 이 회사 저 회사 돌아다니며 어떻게든 싸게 지어 보겠다고 잔머리 굴리지 말자. 건축주의 의식이 건축가의 의욕을 꺾을 수도 있고, 북돋을 수도 있다. 무조건 평당 단가부터 이야기하며 다른 사람들과 비교해서도 안 된다. 앞뒤 다 자르고 평당 단가로만 비교 평가 하는 것은 어리석은 일이다. 평당 단가라는 것은 구체적인 자재가 결정되기 전에는 정확하게 계산할 수 없다. 자재들마다 가격이 천차만별이라서 어느 자재로 쓸지 결정하기 전까지 얼마든지 달라질 수 있다. 무조건 평당 단가를 싸게 해서 견적을 내는 곳도 있을 것이다. 하지만 막상 내장 공사 들어가서 자재들을 고를 때, 시공사에서 고르라고 내민 견본에서는 내 마음에 드는 것을 고를 수 없을 것이다. 평당 단가가 낮은 것은 다 그만한 이유가 있다. 나중에 마음에 드는 것으로 자재를 바꾸면 공사비는 추가

된다. 그제야 왜 건축비가 올라가느냐고, 처음에는 싸게 지어 주는 척하더니 나중에 바가지 씌운다고 볼멘소리를 해 봐야 소용없는 일이다. 처음부터 하나 하나 세세하게 검토해서 어느 정도 윤곽선이 드러나야만 평당 단가를 이야기 할 수 있다. 그러니 무조건 평당 단가로만 비교 평가하는 것은 위험한 일이다. 그뿐인가? 건축가들이 건축주와 상담해서 알맞은 시안이 나오기까지 거저 되는 것은 하나도 없다. 모든 과정에 시간과 돈이 든다. 그러니까 상대방의 시간 과 노력을 날로 먹을 생각은 접자. 세상에 공짜는 없다.

창조공간의 남동쪽 모습.
남쪽은 창을 많이 냈고, 동쪽은 다른 건물과 가까이 붙어 있어 불필요한 창문은 없앴다.

## "네가 건축을 알아?" VS "내가 살지 네가 살아?"

어쩌면 건축주와 건축가는 그동안 서로 소통하는 법을 몰랐던 것이 아닌가 싶다. 어느 분야든 전문가를 찾아가서 문제를 해결하는 것이 당연한데, 유독 건축 분야는 전문가들인 건축가들이 소외된 것처럼 보인다. 그러나 달리 생각해 보면 이해 못 할 일도 아니다. 건축은 건축가 혼자의 능력만으로는 이루어지지 않기 때문이다. 건축가의 안목도 중요하고, 그것을 수용할 수 있는 사회의 문화 수준도 중요하다. 좋은 결과물이 나오려면, 무엇보다 건축가의 설계를 충분히 이해하고 기꺼이 돈을 낼 수 있는 건축주도 필요하다. 제아무리 훌륭한 설계라 할지라도 건축주가 수용하지 않고 비용을 지불하지 않는다면 설계 도면은 결코 현실이 될 수 없지 않은가. 건축가는 건축주의 형편과 생각을 반영해야 하고, 건축주는 건축의 전문가는 건축가라는 것을 인정해야 한다.

그런데 우리 현실은 어떤가. 건축가들은 "건축도 모르면서 이래라저래라 한다"고 불만이고, 건축주들은 "내가 살 집인데 해 달라는 대로 안 해 준다"고 불만을 터뜨린다. 그야말로 "네가 건축을 알아?" VS "내가 살지 네가 살아?" 팽팽한 대결이다. 이래가지고는 결코 좋은 집을 지을 수 없다. 사람을 중심으로 생각한다면 이 둘의 시각 차이는 극복할 수 있을 것이다. '건축은 사람을 위한 것'이라는 관점으로 본다면 말이다. 건축가들이 '집'을 자신의 '작품'으로만 본다면 건축주의 요구는 자신의 작품을 훼손하는 무식의 소치로 들릴 것이고, 건축주들이 집을 '내 돈으로 짓는 내 소유물'이라는 근시안적인 관점으로 본다면, 건축가의 의견이 쓸데없는 간섭으로 들릴 것이다. 오죽하면 집이 완공될 때까지 건축주는 아무것도 참견하지 말고 물러서 있으라고 요구하는 곳도 있을까. 설계의 일관성을 유지하고, 건축 현장에서 일어나는 혼선을 막기 위해 어쩔 수 없다고 이해할 수 있는 일이다.

　　　그렇지만 건축가와 건축주는 서로 막힘없이 소통해야 한다. 그래야 결과물에 만족한다. 사람에 대해 깊은 관심을 가지고, 사람을 잘 이해하는, 사람을 사랑하는 건축가가 집을 잘 짓는 건축가일 것이다. 건축가의 전문성을 인정하고 힘을 실어 주자.

　　　또 한 가지, 결코 쉽게 지나쳐서는 안 될 것은 현장에서 집을 짓는 사람은 건축가가 아니라 현장 노동자들이다. 집 구석구석 세세한 마무리는 그들의 솜씨에 따라 결정된다. 일당 받고 하루 와서 일하고 가는 일용직 노동자가 아니라 오랜 경험을 가진 장인이 필요한 까닭이다. 건축의 시작은 건축가와 건축주, 두 사람의 이중주에서 시작되어 악기 대신 연장을 든 현장 노동자들과의 합동 연주로 마무리된다. 건축주, 건축가 그리고 현장 노동자, 이들은 서로 호흡을 맞춰 본 적이 없는 조합이다. 그러니 이 얼마나 어려운 일인가!

1. 1층 기초 바닥 공사 중. 시방서에 명시된 대로 철근을 배치하고 콘크리트를 붓는다.
2. 곡선 벽을 만들기 위해 나무로 거푸집을 만들었다.
콘크리트를 붓게 될 거푸집 안쪽은 아크릴을 대 주어야 콘크리트 표면이 말끔하게 나온다.
3. 수평계로 측정하고 있는 골조공사 팀.
4. 철근 절단 작업을 하고 있는 아저씨들.

1

2

3

4

## 무슨 설계비가 그렇게 비싸요?

집을 짓고 싶은 사람들 대부분은 건축비 때문에 고민을 한다. 가능한 돈을 적게 들이고 짓고 싶어 한다. 하지만, 천 원을 내고 만 원짜리 물건을 기대해서는 안 되듯, 집을 짓는 것도 다르지 않다. 분명 같은 가격으로 더 효율을 높일 수 있는 방법은 있지만, 무조건 단가를 낮춰 달라고 하면서 제대로 된 집을 바라서는 안 된다. 한정된 예산으로 훌륭한 결과물을 만들어 내는 것도 건축가의 능력이겠으나, 무조건 싸게 원하는 집을 짓는 방법은 없다! 집을 지을 때는 다른 곳보다 싸게 짓는 것이 중요한 것이 아니라, 절대 줄여서는 안 되는 비용과 줄일 수 있는 비용을 정확하게 아는 것이 중요하다. 꼭 써야 할 돈을 쓰지 않으려고 꼼수를 부리다가는 호미로 막을 일을 가래로도 못 막게 될 수 있다.

꼭 써야 할 돈은 설계비와 감리비다. 앞서 말했으나 건축에서 건축가의 중요성, 설계의 중요성은 여러 번 강조해도 부족하다. 우리는 같은 물건을 사도 디자인이 더 잘된 상품에 기꺼이 돈을 더 낸다. 그런데 집을 디자인하는 것, 설계비는 왠지 아까워한다. 설계비에는 설계자의 아이디어와 이를 구체화하기 위한 경비는 물론, 회사를 유지하기 위한 유지비, 업무에 따른 이윤이 포함되어 있다. 이 가운데 설계비 증감의 폭이 큰 부분은 설계자의 아이디어와 그에 따른 경비 부분이라고 할 수 있다. 건축가들은 건축주의 요구에 맞게 구상하고 이를 현실적인 건축물로 지을 수 있는 설계도를 만든다. 이 과정에서 건축가의 시간과 인건비에 따라 들어가는 비용의 폭이 크다. 같은 조건이라면 설계비를 더 지불할수록 내가 짓고자 하는 집에 가장 알맞은 아이디어와 좀 더 상세한 설계도를 얻을 수 있는 것은 어쩌면 당연한 이야기다. 또한 공정별로 시공 방법, 재료 들을 명시한 시방서*가 얼마나 구체적이냐에 따라서도 달라진다. 이것은 세세한 부분의 마무리가 결정되는 일이다. 설계비를 최소로 줄여서 공사를 시작하면 공사하면서 추가로 결정해야 하는 요소들이 많아질 수 있다. 그것은 그만큼 위험 요소가 커진다고 볼 수도 있다.

사실 여러 가지 잡음이 생기는 가장 큰 원인은 설계 당시 건축주, 설계자, 시공자가 객관적으로 공유할 수 있는 근거, 설계도가 부족해서 생기는 경우가 많다. 현실이 이런데도 설계비를 무조건 싸게, 아니 설계비는 받지 않고 집 지어 주기를 원하는가? 그렇다면, 현장에서 그때그때 주먹구구로 일을 해도 불평하지 말자.

---

* 시방서 : 시공사가 건축가의 의도대로 정확하게 시공할 수 있도록 자재, 공법, 유의 사항 같은 시공 방법을 정확하게 명시한 도면.

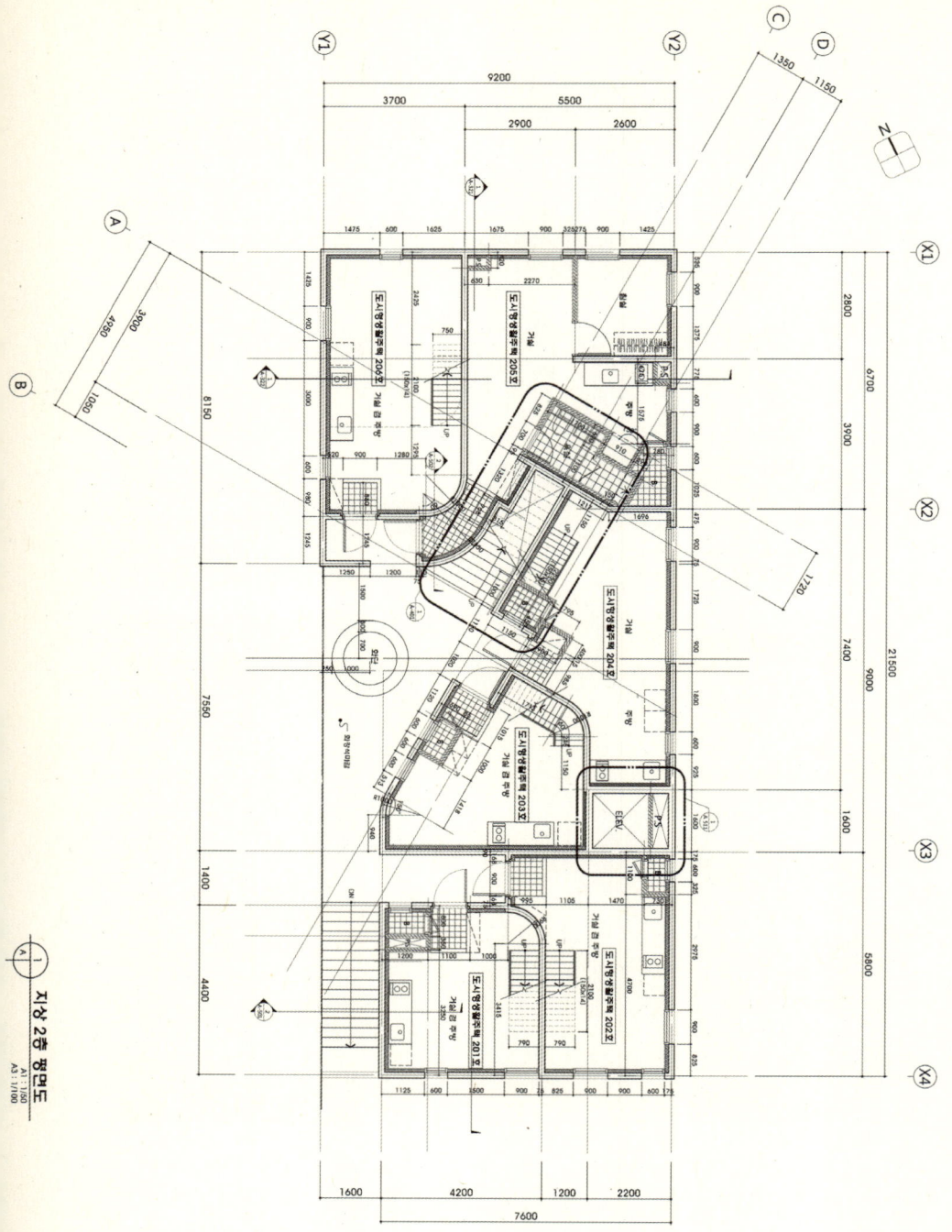

우리 집 지을 때 쓴 시방서 가운데 하나.

골조공사를 책임졌던 전정호 반장님이 시방서를 살피고 있다.

## 감리는 정확하게 받아라

우리는 이런저런 사고가 날 때마다 부실시공이니, 감리 소홀이니 하는 소리를 듣게 된다. 그러기에 감리가 왜 중요한지 여러 번 얘기해도 부족하지 않다. 설계도에 따라 알맞게 시공하고 있는지, 건축자재는 기준에 적합한지, 공사 현장은 안전한지 일일이 확인하는 것이 감리다. 상세 시공 도면도 검토해야 하고, 구조물의 위치와 규격이 적절한지도 살펴야 한다. 이 밖에도 수두룩하다. 한마디로 말하면 설계도대로 안전하게 공사를 하고 있는지 살피는 것이 감리다.

감리는 설계를 맡은 쪽에서 한다. 시공과 감리는 한곳에서 할 수 없다. 시공사와 감리가 한 식구라면 제 식구 감싸기가 될 가능성이 많기 때문이다. 설계도대로 제대로 시공했는지 가장 정확하게 알 수 있는 건 당연히 설계한 건축가다. 그런데도 사람들은 감리의 중요성을 잘 모른다. 특히 소형주택의 경우는 제대로 된 감리를 기대하기 힘들다. 소형주택의 경우에는 감리가 의무 사항이 아니기 때문이다. 그렇지만 부실 공사를 막기 위해서라도, 위험을 예방하기 위해서도 설계와 감리를 소홀히 하지 말자.

간혹, 설계 도면과 현장 상황이 다른 경우도 있다. 우리 집의 경우에는 설계 도면에는 1층 주차장 입구 쪽 벽에 전기박스를 넣는 것으로 되어 있었다. 그런데 전기박스가 들어가야 할 자리에 다른 배관이 이미 자리를 차지하고 있었다. 현장 소장님이 재빨리 이 사실을 알려서 설계자가 전기박스의 위치를 바꿨다. 이 외에도 현장에서는 예상하지 못했던 변수가 생기기 마련이다. 그렇기 때문에 계획했던 부분들이 현장 상황과 다른 경우에는 현장 소장의 경험과 역할이 중요하다. 경험 많은 현장 소장의 역할에 따라 최종 결과물의 질이 좌우된다. 그래도 생길 수 있는 만일의 경우를 대비하기 위해서라도 감리는 필요하다.

　다시 한 번 강조하지만, 돈 조금 아껴 보겠다고 감리를 우습게 생각해서는 안 된다. 배근*은 제대로 됐는지, 콘크리트 두께는 이상이 없는지, 전기 배선이나 보일러 선은 잘 깔렸는지, 누수 위험은 없는지 이런 모든 것을 정확히 점검하는 것은 건축주가 할 수 있는 일이 아니다.

　섣불리 건축비를 아끼겠다고 시공업자들에게 건축비를 낮춰 달라고 하는 것보다 어느 부분에서 건축비가 상승되고 절감될 수 있는지 정확하게 아는 것이 중요하고, 그러려면 건축가들과 상의하는 것이 현명하다. 설계비, 감리비를 받지 않는다는 말에 혹하지 말자. 설계비와 감리비를 정확하게 제시하는 곳이 제대로 된 집을 지어 주는 곳이다.

* 배근 : 철근 콘크리트 구조에서 철근을 설계도에 표시되어 있는 위치에 놓는 것.

## 집 짓기 전, 반드시 되묻기

### 꼭 새로 지어야만 할까?

집이 많이 낡았어도 꼭 새로 지을 필요는 없다. 안전에 전혀 문제가 없다면, 건물 골조를 그대로 놔두고 안과 밖을 얼마든지 바꿀 수 있다. 낡은 주택을 골조는 그대로 두고 겉모습이나 안을 손질하는 리모델링(Remodeling)도 있고, 대규모로 개·보수하는 리노베이션(Renovation)도 생각해 볼 수 있다. 꼭 부수고 새로 지어야만 한다는 생각을 잠시 미루고, 지금 살고 있는 집 또는 낡은 단독주택을 구입해서 리노베이션을 하는 방법도 생각해 보자.

### 어떤 집을 지을까?

새로 짓는다면 어떤 집을 지을 것인지 생각해 보자. 목조 주택, 황토 주택, 철근 콘크리트 주택, ALC 주택, 스틸 하우스……. 재료들의 장단점을 파악해 보고, 발품을·팔아 실물을 살펴보자. 내가 원하는 모든 조건을 만족시킬 수 있는 경우는 흔하지 않다. 집을 지을 곳의 주변 환경도 살피고, 예산도 살펴서 어떤 집을 지을지 신중하게 검토하자.

### 예산은 어떻게 활용할 것인가?

가지고 있는 건축비를 어떻게 활용할 것인지 계산해 보자. 집을 지을 때 드는 비용은 단순히 공사비만 필요한 것이 아니다. 가스, 전기, 수도를 끌어오는 인입비부터 완공 뒤 등기비, 세금 등도 염두에 두어야 한다. 가지고 있는 예산을 효율적으로 쓰려면, 건축가와 충분히 의논하는 것이 중요하다.

### 공동주택을 짓는다면 어떤 공동주택을 지을까?

다가구주택 : 한 건물에 여러 가구가 살 수 있도록 방, 부엌, 출입구, 화장실을 갖춘 주거 공간이 나뉘어 있다. 하지만, 건축법으로는 단독주택에 속하기 때문에 집집마다 따로 분할 등기를 할 수 없다. 건물 전체를 사고파는 것만 가능하기 때문에 주로 임대용으로 쓰인다. 지하층을 빼고 3층 이하, 건축면적 660㎡이하로 지을 수 있다.

다세대주택 : 다가구주택과 비슷하지만, 세대별로 등기를 따로 할 수 있다. 따라서 건물 전체를 팔 수도 있고, 가구별로 따로 팔 수도 있다. 단독주택을 헐고 임대나 분양을 목적으로 새 집을 지을 때는 이 기준을 참고하면 좋다.

아줌마의 고민,
설계로
풀어내다

설계는 시작과 끝
아니, 그 이상

## 집이 S라인이라니!

　　건축주들은 설계를 너무 단순하게 생각하는 경향이 있다. 건축가를 무시하고 건축주가 직접 집을 짓고 무용담처럼 말하는 사람들도 있는 것을 보면. 그런데 건축가의 설계는 보기 좋은 집을 짓기 위해서만 필요한 것이 아니다. 건축 디자인은 단순히 건물을 예쁘게 짓는 것이 아니라 사람들이 살면서 겪게 될 불편을 미리 예상하고 해결하는 것이다. 건축가는 건축주의 취향을 이해하고, 동선을 예상하며, 여러 가지 경우의 수를 미리 내다보고 설계를 한다. 뿐만 아니라, 건축주의 요구를 가장 효과적으로 실현할 수 있는 방법을 찾아내서 건축비를 아낄 수 있도록 고민하는 사람들이다. 좋은 건축가들이라면 말이다.

　　한동안 집 짓는 것을 포기하고 있었는데, 어느 날 우연한 기회에 우리 집 공사를 총괄 진행한 이종선 본부장을 만나게 되었다. 이종선 본부장은 한참 나와 이야기를 나누고 나서 나카에 유지를 만나 보라고 했다. 둘 다 집에 대해 독특한 생각을 가지고 있는 사람들이라 서로 얘기가 잘 통할 거라나? 나중에 알아보니 나카에 유지는 '못난 땅'에 독특한 디자인을 하고 직업이나 다른 이유로 특별한 공간이 필요한 사람들이 살도록 설계하는 데 탁월한 감각을 보이는 건축가였다.

NE Apartment ⓒ 사카구치 히로야스

MM Apartment ⓒ 나가에 유지

위 : NE 아파트는 기찻길 가까이에 있는 땅이어서 소음이 심하다.
나카에 유지는 이곳에 악기를 다루거나 직업상 큰 소리가 나는 사람들이 마음껏 살 수 있는 집을 지었다.
아래 : MM 아파트는 모터사이클을 타는 사람들만을 위해 지어졌다.
입구에 모터사이클을 세워 두고 거주 공간으로 쓰는 작은 집이다.

반전이 있는 건축가라고나 할까? 그렇게 유명한 건축가가 나 같은 아줌마를 만나 줄지 의문이 들었지만, 시간이 되면 한번 들르십사 하고 헤어졌다. 그리고 한 달쯤 지났을까? 햇살 좋던 어느 봄날, 나카에 유지는 정말로 비행기를 타고 우리 집에 왔다!

나카에 유지는 우리 집이 있는 자리를 마음에 들어 했다. 나카에 유지와 나는 생각이 잘 통했고 대화는 술술 풀려나갔다.

글 쓰는 사람과 집을 짓는 사람, 나와 나카에 유지가 하는 일은 서로 다르지만, 둘 다 상상력이 필요한 직업이다. 나는 나카에 유지의 전문성과 상상력을 존중한다고, 그의 상상력이 실현될 수 있도록 최선을 다하겠다고 말했다.

그는 감사하다며 자신 있게 웃었다.

나카에 유지의 첫 번째 시안이다.

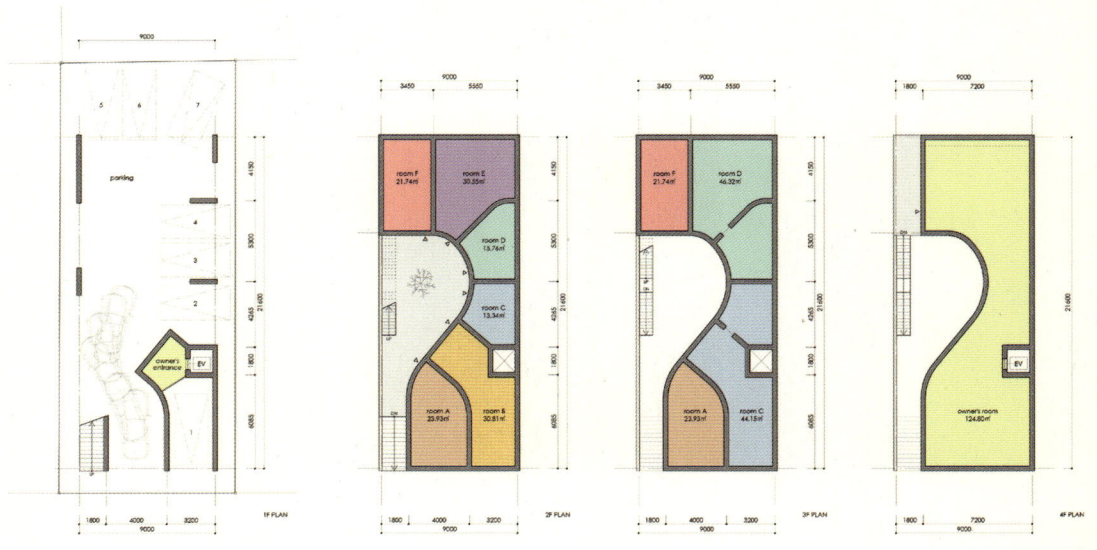

위 : 나카에 유지의 첫 번째 계획안 조감도.
왼쪽은 입주자들의 주차 공간, 오른쪽은 우리 집 주차 공간으로 나누었다.
아래 왼쪽 : 마당에 모두가 숨 쉴 수 있는 작은 공원을 만들고, 계단은 4층까지 이어지도록 했다.
아래 오른쪽 : 나카에 유지의 두 번째 계획안 조감도.

나카에 유지가 내민 설계도와 조감도를 보는 순간, 내 눈을 의심하지 않을 수 없었다. 나카에 유지는 우리 집 가운데를 둥그렇게 파 놓았다. 대체 이게 가능한 일일까? 보일러가 S라인이라는 소리는 들어 봤어도, 집이 S라인이라는 것은 듣지도 보지도 못한 일이었다. 또 2층과 3층에 들어설 도시형 생활주택은 평수가 작은데도 복층으로 설계했다. 작은 복층집은 우리나라에서는 쉽게 볼 수 없는 구조였기 때문에 조금, 아니 많이 걱정스러웠다.

　　"일본에서는 당신의 집이 무척 인기라던데, 한국에서도 통할까요? 복층은 드문 구조라 많이 낯설어할 것 같아요. 저는 파격을 좋아하지만, 대부분은 무난한 걸 좋아하니까요."

　　"한국 사람들도 좋아할 거예요. 건물이 노후화되면 시간이 지날수록 공실률도 늘어나고 그렇게 되면 당연히 임대 수익도 떨어져요. 하지만 디자인 주택은 그렇지 않아요. 제가 설계한 NE 아파트에는 대기자가 줄을 서 있거든요."

　　자신감도 충만하다.

　　복층 구조만 독특한 것이 아니었다. 창문이 어찌나 많은지 콘크리트 반 유리 반이다. 안이 너무 들여다보이는 것 같아서 창을 조금 줄이고 싶었다.

　　"유리를 많이 쓰셨는데, 한국은 겨울이 아주 추워요. 열 손실이 많지 않을까요? 이렇게 길쭉한 유리창을 많이 만든 특별한 까닭이 있으신가요?"

　　"아, 그거요? 그건 처음 만나는 자리라 좀 멋있어 보이려고 그랬어요. 바꿀 수 있어요."

　　멋있어 보이려고……? 나는 순간 웃음을 터뜨렸다.

　　이 사람 참 재미있다.

그들이 돌아간 뒤, 여전히 걱정은 남았다. 말이 분양이지, 아파트도 바닥을 치고 있는 지금, 도시형 생활주택을 분양받을 사람이 얼마나 있을까? 나는 네모난 집이 싫지만, 네모난 아파트 구조에 익숙한 사람들이 S라인 집을 좋아할까? 이러다 망하는 거 아닐까? 내가 한참 고민하고 있을 때 남편이 말했다.

　　"서울에서는 어차피 아파트가 아닌 이상 분양이 쉽지 않아. 이러나저러나 쉽게 분양이 안 된다면, 멀리 내다보고 독특하게 짓는 게 낫지. 이런 건물은 세월이 지난다고 쉽게 낡아지는 건물이 아니라 세월이 지나도 가치가 있는 건물이야."

　　호랑이는 죽어서 가죽을 남기고, 사람은 죽어서 이름을 남긴다는데, 남길 이름은 없더라도 건물은 남겠구나. 그래, 나처럼 조금 다르게 살고 싶은 사람들을 기다려 보자. 디자인 주택이 작은 집에 살아야 하는 사람들의 삶도 새롭게 디자인해 줄 것이라 기대하면서 이대로 가기로!

## 만약 다른 건물들이 당신의 집을 에워싸고 있다면?

　　도심에서 탁 트인 전망을 가진 집을 짓기란 쉽지 않다. 서울에 있는 주택가는 대부분 앞, 뒤, 또는 옆에 다른 집이 있기 때문에 설계에 제한이 많다. 하지만, 방법이 아주 없는 것은 아니다. 안도 다다오의 스미요시 나가야 연립주택이 좋은 사례다. 폭이 좁은 길쭉한 땅, 중정*, 이 두 가지는 안도 다다오가 1976년에 지은 건축물인 스미요시 나가야의 핵심이다. 폭이 좁고 길쭉한 땅이라는 점이 우리 집을 지을 땅과 조건이 같아서 관심이 갔다. 유명한 건축가가 지은 집이라고 해서 잔뜩 기대를 한다면, 적잖이 실망할지도 모른다. 스미요시 나가야의 양옆에는 바짝 다른 집이 붙어 있고, 앞면에는 창문 하나 없이 노출 콘크리트 벽에 작은 출입구가 있을 뿐이다. 만약 내가 그 집 앞에 서 있다면, 혹시 뒷문으로 잘못 온 게 아닐까 착각이 들지도 모른다. 사람들과 마주 보는 것을 꺼리는 것처럼 보여서 퉁명스럽고 불친절해 보이기까지 하다. 하지만 양쪽 옆이 막힌 답답함을 대신해서 집 안의 가운데를 뚫어 하늘을 들어 놓은 과감한 설계는 반전이 아닐 수 없다. 집 가운데가 뚫린 덕에 집 안으로 비가 내리고 빛이 내려온다. 이 방에서 저 방으로 갈 때 우산을 써야 한다는데, 불편하다고 투덜대자면 한이 없겠지만 안도 다다오는 다른 집들 사이에 끼어 있는 그 집에 숨통을 열어 주려고 한 것이 아닐까? 어차피 막힌 곳은 막아 버리고, 그 대신 하늘을 보며 자연과 호흡하라는 마음으로 그렇게 한 것이 아닐까?

　　원래 우리 집의 계획안은 두 가지였다. 하나는 앞에서 보았던 S라인 곡선 집이었고, 또 하나는 바로 이 스미요시 나가야를 연상시키는 중정이 있는 집이었다. 나는 나카에 유지의 설계를 선택했지만, 길쭉한 땅을 양쪽으로 나누고 중정을 두어 햇빛을 건물 안으로 끌어들이는 설계도 나쁘지 않았다.

*중정 : 건물 사이에 있는 마당.

우리 집 땅이 길쭉하기 때문에 남향이 아닌 북향집은 채광이 좋지 않다. 중정을 두는 설계는 이런 단점을 극복할 수 있는 훌륭한 해결 방법이다.

중정이 갖는 장점은 또 있다. 중정을 마당처럼 활용한다면, 마당이 있는 집에 사는 것 같은 편안한 느낌을 준다. 그런데 가만히 보면, 중정을 활용한 건축은 안도 다다오 이전에 우리 조상들의 전통 한옥 방식과도 비슷해 보인다. 우리 한옥을 잠시 생각해 보자. ㄴ자, ㄷ자 또는 ㅁ자 기와집에 마당을 품고 있다. 논산에 있는 윤증 고택은 대표적인 ㄷ자 형태의 집이다. '통말집'이라고 하는 ㅁ자형 집은 경주 양동마을에서 많이 볼 수 있다. 이 마을에 있는 서백당으로 알려진 손동만 가옥의 살림채를 비롯해서 무첨당, 수졸당, 두곡고택, 상춘고택, 낙선당에도 ㅁ자형 사랑채가 있다. 이처럼 마치 작은 마당을 가운데 두고 방들이 둘러서 있는 것 같은 형태는 현대 건축에서도 잘 활용이 되었다.

어쨌든, 가운데 중정을 두는 구조는 햇빛이 잘 드는 것뿐만 아니라, 중정에 나무나 식물을 키울 수 있어 자연과 함께하면서 얻을 수 있는 평안함도 느낄 수 있다. 만약 다른 건물들이 앞뒤, 또는 옆을 막고 있어서 답답하다면, 설계에 중정을 응용하는 방법, 강추!

## 나카에 유지에게 보낸 편지

나카에 유지의 첫 번째 계획안을 보고 있으니 상상력이 발동했다. 이런저런 제안을 하고 싶은데, 자칫 그를 혼란스럽게 만들까 걱정스럽기도 했다. 하지만, 겉보기에는 멋지지만 불편한 집이 되지 않으려면 궁금한 것은 미리 물어보는 것이 낫다 싶었다. 나는 어떻게 하면 내 의견을 간섭으로 오해받지 않고 전할 수 있을까 고민하다가 있는 그대로 나카에 유지에게 편지를 쓰기로 했다.

안녕하세요?

저의 집 정원에 나무가 무지 많습니다. 특히 소나무는 아주 비싼 해송과 육송입니다. 집을 헐 때 이 나무들을 보관했다가 정원 만들 때 활용하면 어떨까요? 공사할 때 좀 번거로우시겠지만, 지금 있는 나무를 모두 베어 내지 말고 이렇게요(참고 사진을 보냈다).

어쩔 수 없이 필로티 구조를 해야 하기 때문에 쉽지 않겠지만, 좀 엉뚱하게 생각하면…… 어림짐작입니다만, 현재 곡선이 꺾이는 부분에 있는 감나무는 어떻게 살릴 수 없을까요?

나무를 놔두고 2층 정원 가운데 구멍을 뚫어 나무를 살리는 방법은 어떠세요? 제 생각과 다른 부분은 마음껏 말씀해 주셔도 괜찮습니다. 주저 마시고 마음껏 상상력을 펼쳐서 한국에서의 첫 작품을 완성하시기 바랍니다.

감사합니다.

2012. 5. 19

덧붙여 나는 나카에 유지의 설계를 이렇게 저렇게 변형해서 그려 보았다. 좀 엉뚱한 상상이긴 하지만, 현관문을 곡선 가운데로 옮겨서 엘리베이터와 함께 통로 구실을 하게 하면 어떨까? 그렇게 하면 공용 공간과 개인 공간을 완전히 분리시킬 수 있을 것이다. 나는 주저하지 않고 나카에 유지에게 또 편지를 보냈다. 이번에는 그림까지 그려서.

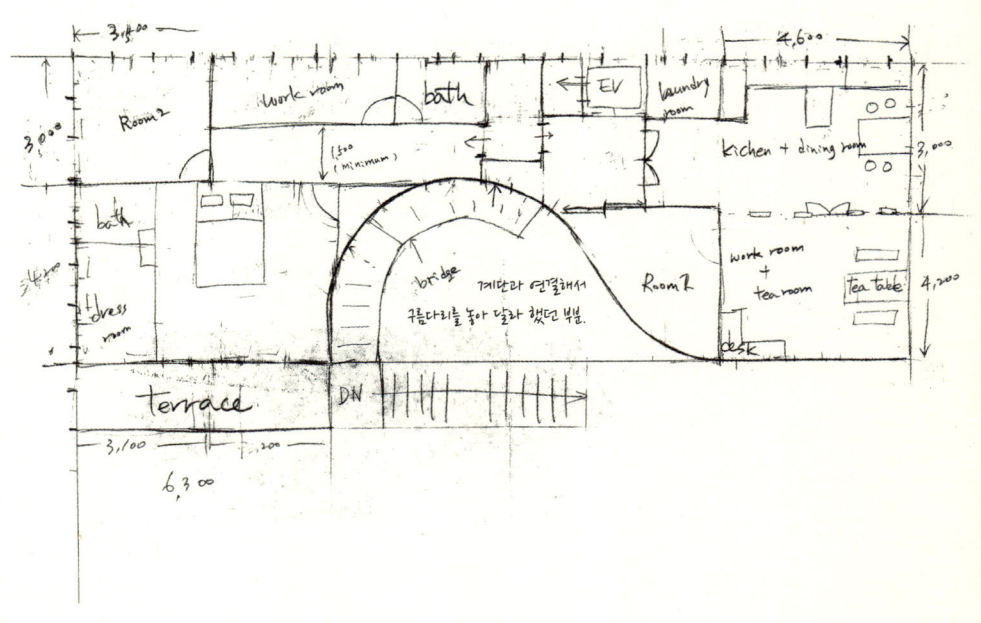

나카에 유지의 설계도를 보고 내가 그린 스케치.

4층으로 올라가는 계단을 조금 더 연장해서 구름다리 같은 것을 만들면 어떨까요? 안전에 문제만 없다면 재미있을 것 같아요. 현관도 한쪽으로 몰 수 있고요.

또, 다락방이나 구석 자리 같은 한 사람만 들어갈 수 있는 아주 작은 공간이 있으면 좋겠어요. 아주 작은 창이 있어서 빛이 들어오면 더 좋겠죠. 기도할 수 있는 공간도 되고, 책을 읽을 수도 있는 공간이 되도록요. 혼자 조용히 있고 싶을 때 들어가는 동굴 같은 곳이 꼭 있으면 좋겠어요.

2012. 7. 18

요즘 제일 걱정인 게 우리 집이 동네랑 안 어울리면 어쩌나 하는 거예요. 이 동네 랜드마크가 되는 건 좋은데, 혼자 잘난 척하는 집은 좀……. 그게 걸려서 외장재를 잘 결정해야 할 거 같아요. 저는 집 안도 번쩍번쩍 매끈매끈 럭셔리한 분위기는 안 좋아해요. 자연스러웠으면 좋겠어요. 번쩍거리는 느낌보다는 그냥 나무 느낌이 좋아요. 유광 느낌보다는 무광 느낌. 너무 새집 같은 느낌 말고 좀 살던 집 같은.

폐자재를 재활용하셔도 괜찮은데 나카에 씨는 어떨지 모르겠네요. 집 전체를 그렇게 할 수는 없겠지만, 아무튼요.

참고만 하세요.

2012. 7. 30

집집마다 에어컨은 어디에 설치할 것이며, 에어컨 실외기는 어디에 두실 것인지요?

건물은 잘 지어 놨지만, 에어컨 실외기 놓을 자리를 만들지 않아서 건물 외관을 망치는 경우가 많죠. 우리 집은 실외기를 어디에 어떻게 놓을 것인지 미리 염두에 두지 않으면 절대 안 되겠어요. 아, 물론 나카에 씨가 구상하고 계시리라 믿습니다만.

2012. 7. 31

계단과 연결되어 있는 현관 문.
복도를 사이에 두고 왼쪽 손님용 공간과 부엌, 오른쪽은 식구들 공간이다.

## 맙소사! 우리 집에 무슨 짓을 한 거야

이메일로 의사소통을 하면서 과연 내 의견이 어떻게 반영되었을지 잔뜩 기대를 하고서 나카에 유지의 두 번째 설계도를 기다렸다. 나카에 유지가 조그만 상자에서 모형을 꺼냈다. 순간, 어리둥절. 마치 엿가락 휘어 놓듯 집이 구불구불 휘어 있었다.

'대체 우리 집에 무슨 짓을 한 거야?'

지난번 가져왔던 1차 설계도와 완전히 다른 모습이었다. 1차 설계도보다 곡선이 더 강조되고 4층은 완전히 파격적인 모습이었다. 처음에는 S라인으로 나를 놀라게 하더니 이번에는 집을 아예 후벼 파서 나를 놀라게 했다.

내가 이메일로 계단을 연장해서 구름다리 같은 것을 만들면 어떻겠느냐고 물었더니만, 나카에 유지는 정말로 계단을 벽에 붙여서 벽을 타고 올라가는 느낌이 들게 만들었다. 보통 사람들 같았으면 내가 구름다리 어쩌구 얘기했을 때, 뜬구름 잡는 소리라고 비웃었을 텐데 말이다. 건축가의 상상력은 이럴 때 빛이 난다.

첫 번째 시안에서는 계단으로 들어가는 문과 엘리베이터로 들어가는 문이 떨어져 있어서 현관이 두 군데가 되기 때문에 당연히 공간이 낭비될 수밖에 없었다. 그런데 두 번째 시안에는 출입구 두 개를 한곳으로 모아 복도식 현관이 되면서 손님을 위한 공간과 식구들만 쓰는 공간을 완벽하게 분리할 수 있었다. 만약 나카에 유지가 내 의견을 건축도 모르면서 쓸데없이 간섭한다고 생각했다면, 이런 설계는 불가능했을 것이다. 열린 생각은 독특한 결과물을 낳는다.

설계도 변경 뒤, 바뀐 계단을 좀 더 자세히 들여다보자. 보통 우리나라 다가구나 다세대주택은 계단이 건물 안에 있어서 어두컴컴하고, 계단이나 복도 외에 다른 쓰임새가 없는 공간이다. 그것과 견주어 본다면, 완전히 발상을 뒤집는 파격이 아닐 수 없다. 이 계단 덕분에 입주자들의 쉼터 같은 작은 마당이 생겼다. 마치 언덕이 있고, 언덕을 따라 골목길에 작은 집들이 살짝살짝 숨어 있는 작은 마을을 축소해 놓은 것 같다. 집 허리를 깊이 파서 그곳에 계단을 만들고 테라스가 이어져 현관으로 들어가는 구조다. 꼭 바람이 돌아 나가는 집처럼 보였다.

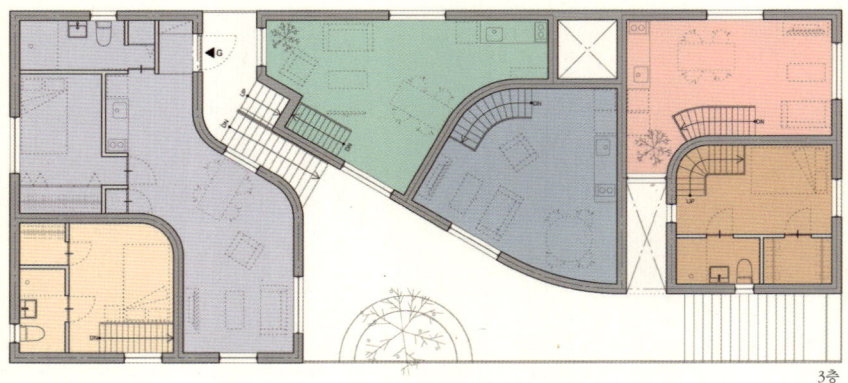

3층

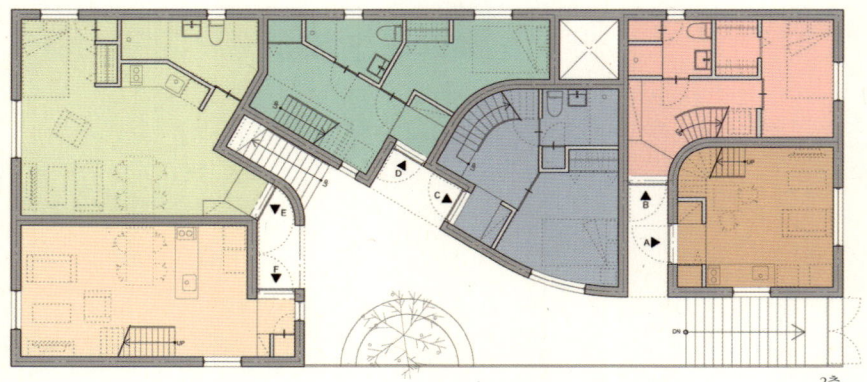

2층

2, 3층은 복층으로 설계된 도시형 생활주택이다.
색깔이 같은 게 한집이다. 복층집이 다섯, 단층집이 둘이다.

하지만 모형으로 보고 있으면서도 곡선 처리를 현실로 실현할 수 있을까 싶었다. 2, 3층 분양 세대도 1차 설계 때와 확연하게 달라진 모습이다. 곡선을 많이 줄여 네모반듯한 구조에 익숙한 현실을 반영했다. 복층 구조 다섯 세대, 단층 구조 두 세대, 모두 일곱 세대가 어느 것 하나 똑같은 모습이 없다. 사람도 모두 다르게 생겼듯이, 똑같은 것이 하나도 없는 개성 있는 작은 집들이었다. 그런가 하면, 입주자들에게는 작은 단독주택에 사는 독립된 느낌과 여러 세대가 모여 사는 안전감을 동시에 줄 수 있는 구조였다.

(왼쪽부터) 1층은 주차장. 왼쪽에는 계단으로 올라가는 대문이 있고,
오른쪽에는 우리 집으로 바로 올라가는 대문이 있다.
2, 3층은 복층 구조로 된 도시형 생활주택, 4층은 별난 구조다.

계단의 위치를 바꿔서 현관을 가운데로 옮긴 것 말고도, 내가 제안한 것들 가운데 현실화된 것 몇 가지.

"안방에는 침대만 들어가는 최소한의 공간만 있으면 됩니다. 너무 답답하지만 않다면 아무것도 놓지 않고 잠만 자면 돼요. 가구 많이 놓는 거 좋아하지 않습니다"라고 했는데, 정확하게 내 의견이 반영되었다. 안방을 침대 하나 들어갈 정도로 작게 디자인했다.

아무것도 없고 달랑 침대만 있는 안방에 누워 간접 조명을 켜 놓고 있으면, 엄마 품에 안긴 아기처럼 더 바랄 것이 없이 평온하다. 비스듬한 창으로 달이라도 보이는 날에는 감동이 밀려온다.

"제 작업실이 필요해요. 집에 와 보셔서 아시겠지만, 컴퓨터와 이런저런 장비가 많습니다"고 부탁했는데, 어떻게 해결했을까? 사실 작업실을 따로 두는 것이 아주 어려웠다. 그런데 부엌일과 작업을 동시에 할 수 있도록 훌륭하게 해결했다. 작업실 문을 창호지로 된 미닫이문으로 해서 공간을 나누기도 하고 합하기도 하는 발상은 재치 있는 발상이다.

물론, 현실화된 것보다 현실화되지 않은 것이 더 많다. 왜냐하면 나는 건축에 대해 문외한이기 때문에 더 나은 방법을 몰랐다. 오히려 건축가는 내가 원하는 것을 정확하게 파악해서 그것을 대체하는 방법을 찾아내서 현실로 만들어 주었다. 불가능한 것은 왜 불가능한지 설명을 해 주었기 때문에 공부가 된 것이 많았다. 막힘없이 소통하자. 제대로 된 집을 짓기까지는 건축가와 건축주 두 바퀴가 함께 굴러가야 한다. 두 사람이 소통해야 둘 다 결과물에 만족한다. 두 사람이 소통하며 지은 건축물이 우리 동네를 아름답게 하고, 아들딸에게 물려주어도 부끄럽지 않다.

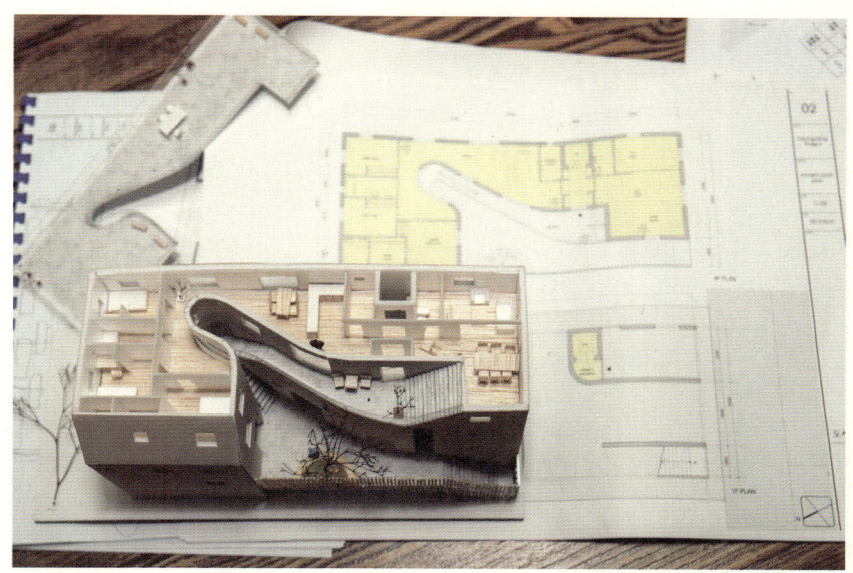

위 : 설계도와 모형. 모형의 뚜껑을 열면 4층 실내 구조가 한눈에 보여서 공간감을 느낄 수 있다.
아래 : 내가 질문한 것에 대해 나카에 유지가 설계도를 보여 주면서 설명하고 있다.
이날 나카에 유지는 무려 열아홉 가지 질문에 대한 답변을 준비해 왔다.

안방 서쪽 벽이 약간 기울어져 있다. 안방에는 침대만 놓았다.
침대 머리맡에는 커다란 그림을 걸기로 하고, 과감하게 짙은 색으로 강조했다.
(던에드워드 무광 5055, 배경색은 6198, 천장은 DEW 341).

작업실은 창호지로 미닫이문을 만들었다.
창호지 문을 열면 작업실과 부엌 공간이 이어지는 느낌이 든다.

## 공동주택의 새로운 시도

현실은 파격을 싫어한 탓일까? 건축 허가가 나기까지 꽤 오래 기다려야만 했다. 설계가 너무 특이했나? 특히 계단이 문제가 됐다. 우리 집 계단이 직통 계단의 요건을 충족하는지 확실하지 않다, 건축법으로 판단하기가 쉽지 않기 때문에 건축 허가를 내줄 수 없다고 했다. 보통 빌라나 다세대 같은 공동주택에는 계단이 건물 안에 있다. 우리 집은 그렇지 않다. 만약 우리 집 같은 설계가 흔했다면 그렇게 오래 기다릴 일이 없었을 것이다. 하지만 이런 설계야 말로 디자인 서울에 필요한 것이 아닐까?

건축 허가가 쉽게 나지 않자 한국과 일본에서는 비상이 걸렸다.

"건축 허가를 내줄 수 없다고? 어째서?"

다들 예상하지 못한 일을 어떻게 풀어 나가야 할지 골몰했다. 삽을 떠야 하는데, 시간은 자꾸만 흘러갔다. 이러다 우리 집 못 짓는 거 아닐까? 만약의 사태를 대비해서 이 본부장은 설계를 바꾸는 것이 어떻겠냐고 물었다. 이제 와서 나카에 유지의 설계를 포기한다? 나카에 유지의 설계는 한국에서는 실현할 수 없는 걸까?

"아뇨. 바꿀 생각 없습니다."

나는 단호하게 거절했다. 왜냐하면 누군가는 이런 시도를 해야 한다고 생각했기 때문이다. 그래야 공동주택도 찍어 내듯 비슷비슷하게 짓지 않고 조금이라도 디자인에 신경 쓸 수 있을 테니까. 우리 집처럼 이렇게까지 별나게는 못 짓겠지만, 나카에 유지의 설계를 현실화해서 '공동주택을 이렇게도 지을 수 있다'는 것을 보여 주는 것이 상당히 의미 있는 일이라 생각했다. 그래야 앞으로 건축가들이 설계한 주택이 더 많이 생기지 않을까? 여기서 물러선다면 우리나라

공동주택의 디자인은 앞으로도 그 밥에 그 나물일 것이라 생각했다.

실시 설계를 했던 율건축사사무소의 김경율 소장은 "계획안의 직통 계단 구성이 건축법상 위배되는 부분이 없고, 계단의 목적은 피난과 대피용인데, 이 계단은 피난과 대피의 목적에 충실하다"는 것을 설명했다. 사실, 직통 계단의 목적이 피난과 대피에 있다면 오히려 이렇게 밖으로 나와 있는 계단이 피난과 대피에 더 유리할 것이다. 또한 대문에서 2층으로 올라가는 계단과 3층으로 올라가는 계단 사이에 있는 공용 공간을 넓은 계단참*으로 볼 수 있다.

마침내 오랜 기다림 끝에 건축 허가가 났다. 계단 때문에 건축 허가가 나기까지 시간이 꽤 걸렸지만, 막상 집이 완공되고 나자 건축 평론가들뿐만 아니라 언론에서도 계단과 공용 공간을 주목했다.

"집합주택의 또 다른 주제는 건물 내에서 '주호들의 결합 방법'이다. ……
이 작업의 가장 도드라지는 특징인 외부 계단은 그래서 가장 특징적인 부분일 뿐 아니라 중요한 주제다. 이 계단은 수직적으로 각각의 주호를 연결한다는 본래의 목적뿐 아니라 두 가지의 다른 기능을 가지고 있다. 우선 2층의 커다란 계단참은 중정처럼 보이고 주택의 규모에 비해 절대 적지 않은 중정이 2층의 6개 주호를 연결한다. 물론 다른 집합주택에도 계단이 있고 입주자들이 이를 통해 이동하지만 이렇게 여유 있게 6세대의 문들이 만나는 공간은 찾아보기 어렵다."
- 건축가 최문규(<SPACE(공간)> 551호, 2013년 10월호)

* 계단참 : 오르내리는 계단과 계단이 연결된 부분으로, 직선으로 연결되어 있거나 또는 돌아서 올라가도록 연결돼 있는 부분이다.

"광진구 도시형 생활주택은 이름만큼이나 파격적인 공간을 담고 있다. 가장 먼저 눈에 띄는 것은 공용 공간 디자인이다. 기존 다세대주택이 경제성과 수익률 등을 내세워 생략했던 외부의 공용 공간이 이 집에서는 다채롭게 살아나 있다. 외부로 노출한 계단실과 여러 세대가 공유할 수 있는 마당이 대표적이다.

도로에서 주택으로 진입하는 계단실은 마치 골목길 같은 풍경을 선사한다. 계단을 올라 2층에 이르면 움푹 파인 곡선의 입면으로 인해 생겨난 너른 마당과 만나게 된다. 곡선의 입면은 각 세대마다 고른 채광을 선물한다는 점에서 외관의 아름다움뿐만 아니라 주택의 기능에도 큰 도움을 주고 있다.

세대별 출입구 배치에서도 배려가 엿보인다. 실내 풍경이 바로 노출되지 않도록 노출 콘크리트 입면을 깊숙이 파고 들어가 현관문을 배치한 것이다. 밖에서 안으로 들어가기 전 잠시 멈춰 서게 되는 이 공간은 비나 바람을 피하는 처마가 되기도 하고, 심리적인 안정감을 주는 전이공간이 되기도 한다."

- 구선영 기자(〈주택저널〉 2013년 12월호)


우리나라에서는 볼 수 없었던 독특한 설계 때문에 어렵게 건축 허가가 떨어졌지만, 그 덕분에 결과는 다른 데서 볼 수 없는 혁신적인 건물이 되었다. 우리나라 다세대주택의 다양성에 영향을 줄 수 있는 설계라 감히 자부한다. 처음 길을 내기가 어려웠을 뿐, 건축 허가가 나자 이런 방식으로 집을 짓

겠다는 사람이 나섰다. 누군가 새로운 방법을 보여 주면 얼마든지 우리 건축
도 바뀔 수 있다는 청신호다. 우리 집처럼 계단을 바깥으로 내고 곡선으로 지
은 창조공간 2호는 구의동에 지어졌다.

© 사카구치 히로야스

© 사카구치 히로야스

**태양의 궤적을 조사해 주세요**

우리 집은 남향에서 서쪽으로 조금, 아주 살짝 틀어져 있다. 완벽하게 정남향은 아니지만, 정남향과 큰 차이가 없기 때문에 햇빛이 잘 들어 거실 풍경이 아주 근사했다. 특히 겨울이 되면 잎이 다 떨어진 나무 그림자가 거실 안으로 깊숙이 들어와 거실 풍경이 그렇게 멋있을 수가 없었다. 그런데 집을 헐고 나면 어떤 변화가 생길까? 집이 길 쪽을 향해 앞으로 나가게 되니까 빛이 더 잘 들겠지만, 내가 살 집 말고 2, 3층 분양 세대는 어떨까? 그걸 감안해서 집 가운데를 후벼 파서 빛이 들어갈 길을 마련해 두었지만, 그래도 궁금했다. 설계 팀에게 확인해 보기로 했다.

"우리 집을 중심으로 해서 태양의 궤적이 어떻게 달라지는지 조사해서 사계절별로 알려 주세요."

집을 지으면서 태양의 궤적이 어떻게 달라지는지 자료를 요구하는 사람은 많지 않을 것 같다. 뭐 대단한 건물을 짓는 것도 아니고, 소형주택을 지으면서는 더욱더. 하지만 내가 단독주택에 살면서 마음껏 햇빛을 누렸던 것처럼, 함께 살게 될 우리 이웃에게 시시각각으로 다르게 빛이 만드는 아름다운 풍경을 선물하고 싶었다. 작고 좁은 집에 살아도 창밖이 트여 있다면, 그 창문으로 햇빛이 가득 들어온다면 조금이나마 위로가 되지 않을까? 아침부터 저녁까지, 그리고 봄, 여름, 가을, 겨울 집 안 풍경은 어떤 느낌일까?

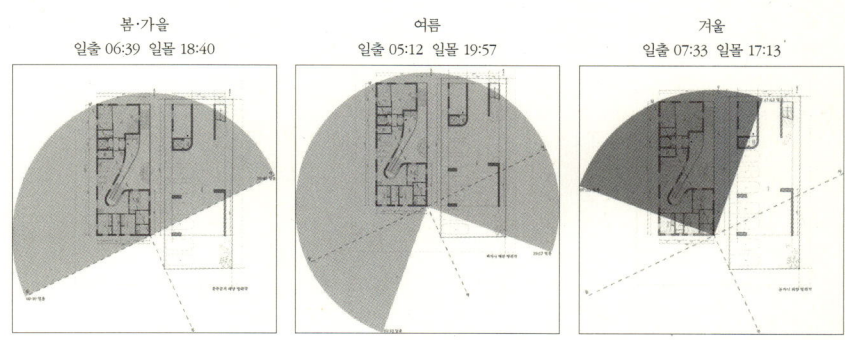

| 봄·가을 | 여름 | 겨울 |
|---|---|---|
| 일출 06:39 일몰 18:40 | 일출 05:12 일몰 19:57 | 일출 07:33 일몰 17:13 |

집 짓기 전 단독주택이었을 때 거실 풍경. 집 안 가득히 햇살과 함께 감나무 그림자가 드리워졌다.

301호

204호 2층

203호 2층

206호 2층

202호 1층

얼마 후 받아든 우리 집 태양 궤적. 봄과 가을은 오전 6시 39분부터 오후 6시 40분까지 예상했던 대로 태양이 골고루 들어오는 것을 확인할 수 있었다. 그리고 여름은 오전 5시 12분부터 오후 7시 57분까지, 봄이나 가을보다 태양의 궤적이 더 넓었다. 해가 가장 짧다는 동지일 때도 북쪽의 아들 방 일부를 제외하고는 오전 7시 33분부터 오후 5시 13분까지, 전혀 문제가 없는 것을 확인했다.

이 정도면 문제없겠지? 내가 기대했던 대로 나카에 유지의 파격적인 설계 덕분에 한겨울에도 각기 다른 방향으로 햇빛이 골고루 든다.

우리 집 창문은 천장부터 바닥까지 이어진 세로 창이다. 창문 크기도 제법 크다. 방 하나에 창문 하나라는 공식을 과감히 깨고 창문을 많이 만들었다. 그 덕분에 203호는 창밖 풍경이 그대로 그림이 되어 기다란 족자가 걸려 있는 것 같다. 201호와 202호는 빛이 너무 잘 들어 겨울에도 실내 온도가 크게 떨어지지 않는다. 하지만 205호가 가장 마음에 걸렸다. 그래서 설계도에는 방과 거실을 나누는 벽이 있었지만, 골조 공사가 끝난 뒤에는 과감하게 그 벽을 허물어 동쪽에서 들어오는 빛을 안으로 끌어들였다.

창문을 열면 시원한 바람이 그들의 마음을 어루만져 주고, 시간에 따라 다른 방향으로 들어오는 빛이 이곳에서 사는 사람들의 마음을 조금이라도 더 따뜻하게 만들어 주기를!

# Tip.
## 개구부를 어떻게 둘 것인가?

집이나 기타 건물을 설계할 때 개구부(창문이나 출입구처럼 채광이나 환기, 통풍, 출입을 위해 열려 있는 부분)를 어디에, 어떤 형태로, 몇 개를 둘 것인지 고민하게 된다. 개구부는 동전의 양면과 같아서 어느 것이 좋다고 단정 지을 수 없다. 개구부가 적을수록 열 손실이 적은 것은 분명하다. 하지만 채광은 좋지 않다. 창문이 적으면 열 손실은 적지만 답답해 보인다. 만약 건축주가 열 손실을 감수하더라도 채광과 전망을 중요하게 생각한다면, 단열 성능이 우수한 창호를 써서 열 손실을 줄이는 차선책을 선택할 수 있다. 우리 집은 채광과 전망을 중요하게 생각했기 때문에 창호 공사에 상당한 비용을 투자했다.

사람들은 대부분 남향을 선호한다. 하지만 모든 땅이 남향일 수 없다. 하루 동안 움직이는 해의 방향을 미리 조사해서 알아 두면 개구부의 위치나 내부 구조를 결정하는 데 도움이 될 것이다.

우리 집은 침실을 무조건 북쪽에 두었다. 부부 침실을 잠만 자는 용도로 쓰기 위해 아주 작게 만들기로 했기 때문이다. 그 대신 부부 침실에는 서쪽으로, 아이들 방은 각각 남쪽과 동쪽으로 창을 내서 최대한 빛을 많이 받을 수 있게 했다. 방 창문들은 복도의 창과 맞통한다. 집 안에서도 바람이 지나갈 수 있도록 통로를 열어 두어야 한다. 바람이 지나갈 수 없도록 막힌 구조는 환기가 잘 안 된다.

보송보송
건식 욕실

## 욕조와 수전 디자인, 설계할 때 결정하라

집을 설계할 때 가장 많이 신경 쓰이면서도 뾰족한 해결책을 찾지 못했던 곳이 욕실이었다. 보통 욕실문은 바깥에서 안쪽으로 들어가는 여닫이 문으로 되어 있다. 그런데 욕실 문을 꼭 안쪽으로 열리는 여닫이문으로 해야 하는지는 다시 생각해 볼 필요가 있다. 욕실이 어디에 있느냐에 따라 문 열리는 방향을 다르게 할 수도 있지 않을까? 욕실 문이 안쪽으로 열리는 여닫이문이라는 것 때문에 안쪽에 변기나 세면대 같은 도기를 놓는 위치가 부득이 달라져야 하니까 공간 활용이 쉽지 않다. 이런 문제는 평면도나 인테리어 전개도에서는 쉽게 느낄 수 없고 공사를 하고 난 뒤에야 실감하는 경우가 많다. 욕실문을 안쪽으로 열 때 부딪히는 것을 막기 위해 욕실 문 뒤에 고무 패킹을 붙이는데, 이것이 샤워부스와 부딪히는 경우가 생긴다. 그렇기 때문에 욕실 디자인은 휴지걸이나 수건걸이, 다른 수납장의 위치를 꼼꼼히 따져서 결정해야 보기에만 예쁜 것이 아니라 쓰기에도 편리한 디자인이 될 수 있다.

우리 건물 세대별로 화장실을 조금 더 꼼꼼히 살피면서 장단점을 알아보자. 작은 화장실 설계에 참고가 될 것이다.

201호는 문을 열고 들어가면 세면기가 바로 보이고 가운데에는 변기, 맨 안쪽에 샤워부스가 있다. 어떻게 보면 크기가 작은 화장실의 가장 본보기가 될 만한 화장실 배치다. 문을 열었을 때, 샤워부스와 문이 부딪히지 않고, 세면기 위쪽에 수납장을 설치하기도 좋으며, 수건걸이 자리도 알맞다.

202호는 문을 중심으로 오른쪽에 세면기와 변기가 왼쪽에는 샤워부스가 나뉘어 있다. 휴지걸이, 수납장, 수건걸이 들을 알맞게 자리 잡을 수 있는 좋은 배치지만, 샤워부스와 문이 부딪힐 수 있다. 고무 패킹을 문 뒤에 붙였지만 문을 세게 열면 부딪혀서 소리가 나는 것이 단점.

　　301호는 화장실 문이 세면기와 변기, 샤워부스 그 어느 것과도 부딪히지 않는다. 부속품 자리를 정하는 게 무척 쉽고, 쓰기도 편리하다.

　　203호, 205호를 뺀 모든 집들은 화장실마다 보통 화장실에 있는 환기용 작은 창이 아니라 가로 600mm 세로 1,000mm 크기의 제법 큰 창이 있다. 특히 202호, 204호, 301호는 화장실 창이 동쪽으로 나 있어서 밝은 빛이 가득 들어와서 기분 좋게 하루를 시작할 수 있을 것이다.

　　이처럼 욕실 디자인은 같은 크기라 하더라도 창문의 크기, 위치와 문의 위치에 따라 얼마든지 다르게 할 수 있다. 만약 이것보다 작은 화장실이라면, 세면기와 변기가 일체형으로 되어 있는 도기를 쓰는 것도 좋은 방법이다.

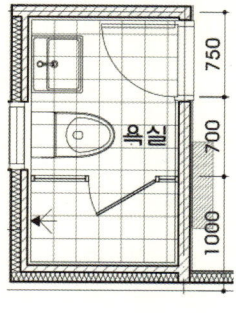

201호

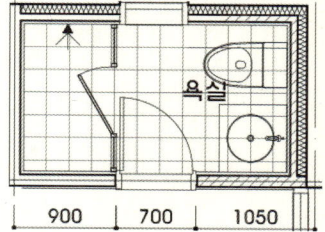

202호

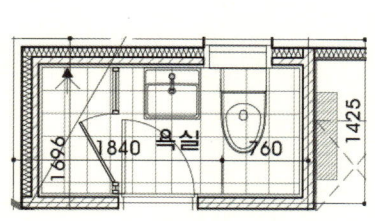

204호

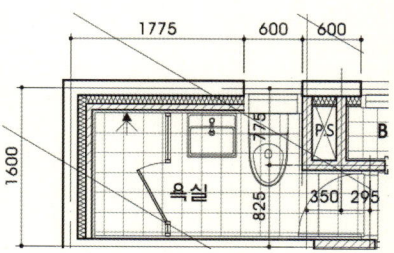

301호

이런 경우도 생각해 보자. 집에 고혈압이나 지병이 있는 노인이 있다면? 노인들이 욕실에서, 특히 변기 앞쪽에서 쓰러졌다고 가정해 보자. 만약 이때, 변기 쪽에 여닫이문이 있다면 문을 쉽게 열 수 없기 때문에 구조가 늦어질 수도 있을 것이다. 밖에서 안쪽으로 화장실 문을 열고 들어갔을 때, 아무것도 걸리는 게 없다면 가장 좋겠지만, 부득이 그럴 수 없는 상황이라면 미닫이문으로 하는 것도 나쁘지 않다. 화장실 문뿐만 아니라, 방문을 안쪽으로 열고 들어가도록 되어 있는 까닭도 이와 무관하지 않다. 화재나 응급 상황 같은 비상시에는 구조하는 사람들이 밖에서 안으로 들어갈 때 밀고 들어가는 것이 더 쉽기 때문이다. 은행문은 보통 바깥쪽으로 밀지 않고, 안으로 잡아당겨야 열리는데, 이 경우는 안쪽에서 밖으로 나갈 때 시간이 더 지체되기 때문에 도둑이 도망가는 시간을 지체시키는 효과가 있다. 이런 작은 차이에도 깊은 뜻이 숨어 있는 것이 설계의 묘미일 것이다.

예전에 살던 집이 습식 욕실이었기 때문에 욕실 관리는 내게 늘 골칫거리였다. 보송보송한 건식 욕실로 바꾸고 싶은 마음이야 굴뚝같았지만, 쉽게 건식 욕실을 시도하지 못했다. 물청소를 하지 않는 욕실이 상상이 되지 않았기 때문이다. 습관을 하루아침에 바꾸는 것이 쉽지 않았다. 하지만 집을 새로 짓는 마당에 이번에는 무슨 일이 있어도 처음부터 건식 욕실로 설계해야겠다고 단단히 마음먹었다. 욕실 신발을 따로 신을 필요 없이 드나들 수 있고, 욕실 바닥에는 예쁜 러그도 깔고, 보송보송한 욕실을 만들어야지! 변기와 세면대는 완전히 공간을 분리할 거야! 변기에서 물 내릴 때 퍼지는 세균이 칫솔에도 옮겨진다는 얘기는 내 결심을 더욱 확고하게 만들었다.

그런데 이렇게 계획을 세우고 보니 내가 원하는 건식 욕실을 만들려면 한두 가지를 준비해야 하는 게 아니었다. 왜냐하면 욕실 디자인은 수도 시설 위치와 직결된 문제인데, 막상 욕조와 세면기, 수도꼭지나 샤워기 같은 수전을 고를 때는 이미 수도 시설 공사가 끝난 뒤였기 때문이었다. 게다가 설계를 여러 번 보완해서 고치면서도 화장실과 세면기, 샤워실을 분리할 수 있는 공간이 쉽게 만들어지지 않았다. 그뿐만이 아니었다. 내가 고른 욕조는 벽에 샤워기를 달지 않고, 욕조에 샤워기가 같이 있는 일체형 욕조였다. 그걸 보고 소장님이 하시는 말씀.

　　"이건 못 달아요."

　　"왜요?"

　　"잘 보세요. 이건 수전이 욕조 옆에 붙어 있죠. 이런 건 수도 시설을 할 때 바닥에 수도관을 미리 빼놨어야 해요. 이 집은 벽에 수도관이 있기 때문에 달 수 없어요. 이런 욕조를 하실 생각이었으면 수도 공사하기 전에 설계 팀한테 얘기하셨어야 해요."

　　아, 이런 낭패를 보았나. 깔끔한 건식 욕실을 만들기 위해서 욕조부터 좀 다른 걸 써 보려고 했더니 안 된단다. 그러니까 집을 설계할 때 내부에 쓰일 욕조나 세면기, 수도꼭지 디자인도 같이 정해야 하는 거였다. 집 설계하는 것만으로도 머리가 너무 복잡했기 때문에 미처 거기까지는 생각하지 못했다. 욕실 바닥 미장 공사를 시작하기 전 소장님이 내게 진지하게 물었다.

　　"어떻게 하실래요? 지금 다 뜯고 수도 공사 다시 하라면 하고요. 나중에 살면서 두고두고 후회하지 마시고 지금 결정하세요."

소장님 얘기를 듣고는 곰곰이 생각했다. 이미 수도와 배관 공사는 다 끝나 있었다. 설계도를 다시 보면서 욕실 안을 왔다 갔다 동선을 생각했다. 다른 때 같았으면 망설이지 않고 재공사하자고 했을 텐데, 욕실은 쉽게 결정할 수 없었다. 그만큼 수도와 배관 공사를 다시 하는 일은 쉬운 일이 아니다. 아저씨들을 고생시킬 일을 생각하니 그만 마음이 약해지고 말았다. 하지만 지금 생각해 보면 그렇다 할지라도 그때 재공사를 했어야 했다. 그때 수도와 배관 위치를 바꾸지 못한 탓에 욕실은 지금까지도 두고두고 아쉬움으로 남았다. 원하던 대로 건식 욕실은 만들었으나, 변기와 세면대가 놓이는 공간을 완전히 분리하지 못했기 때문에 절반의 성공이었다. 변기와 세면기의 공간을 완전히 분리하면, 한 사람이 세면기를 쓸 때도 다른 사람이 변기를 쓸 수 있어서 바쁜 시간대에 욕실이 덜 복잡하다.

또한, 욕실을 설계할 때는 욕조를 둘 것인지 말 것인지, 욕조를 두지 않는다면 샤워하기 위해서는 샤워부스를 설치할 것인지 아니면 샤워실을 따로 만들 것인지 결정해야 한다. 샤워부스는 물이 샤워부스 바깥으로는 튀지 않기 때문에 건식 욕실에는 안성맞춤이지만, 기능이 좋고 디자인이 괜찮은 제품은 가격이 상당히 비싸다. 그래서 우리 욕실에는 샤워부스 대신 샤워실을 만들기로 했다. 건식 욕실에 샤워부스 대신에 샤워실을 만들 때는 유리 칸막이를 만드는데, 여기서 가장 중요한 것은 바닥 높이다. 물이 욕실 바닥에 흐르지 않게 하려면 반드시 샤워실 바닥이 욕실 바닥보다 낮아야 한다. 욕실 바닥에 보일러 선을 골고루 깔아서 겨울에도 냉기가 없게 한다면 금상첨화.

## 유행보다는 기능이 우선

욕실은 대부분 타일 공사를 한다. 보통 바닥은 자기질 타일을 쓰고, 벽은 도기질 타일을 쓴다. 자기질 타일과 도기질 타일은 이런 차이가 있다. 자기질 타일은 타일을 굽는 온도가 높다. 그렇기 때문에 도기질 타일보다 더 단단하다. 도기질 타일은 자기질 타일보다 강도가 약하다. 아무래도 바닥이 벽보다는 손상되기 쉽기 때문에 자기질 타일을 쓴다. 단가로 따져 보면 자기질 타일이 도기질 타일보다 가격이 비싸다. 변기와 세면기는 도기다.

욕실 천장은 타일을 붙일 수 없기 때문에 욕실 천장용 마감재를 붙인다. 습기를 예방하기 위해 그렇다. 대부분의 천장용 마감재는 플라스틱처럼 맨질맨질한데, 소재도 디자인도 그다지 마음에 드는 것이 없었다. 욕실은 천장과 바닥 그리고 벽에 각기 다른 소재를 쓴다. 다른 소재를 쓰면서 색도 맞춰야 하니 보기 좋게 꾸미는 게 쉽지 않다.

욕실 타일을 고르러 가면, 포인트 타일과 바닥타일 그리고 벽타일을 따로 고르게 하는데, 인테리어 경험이 많은 사람도 쉽게 고르지 못한다. 나도 몇 날 며칠 타일을 골랐지만, 마음에 드는 것을 고를 수가 없었다. 사람 눈이 다 비슷해서 조금 마음에 들면 단가가 엄청나게 뛰고, 단가를 조금 낮추자니 색과 소재를 맞추는 데 한계가 있었다. 바닥타일과 벽타일 포인트 타일을 따로따로 고르라는 타일 가게 주인의 공식화된 권유도 내키지 않았다.

"바닥타일과 벽타일을 꼭 다르게 해야만 하나요?"

"그렇지는 않아요. 바닥에는 도기질 타일을 쓸 수 없으니까 다르게 하죠. 단가도 비싸고요."

나는 바닥과 벽을 꼭 다르게 해야만 하는 것이 아니라면 포인트 타일을 따로 쓰지 않고 욕실 전체를 같은 타일로 하면 어떨지 제안했다. 천장을 제외한 벽과 바닥을 같은 타일로 감싸는 디자인으로 하는 거다. 바닥에 쓰이는 자기질 타일을 벽에도 붙이기로 했다. 그런데 나중에 휴지걸이나 수건걸이를 달려고 하니 어지간한 못으로는 뚫어지지 않는 거다. 너무 단단했다.

"누가 벽에도 이런 타일을 붙였어요? 못이 안 들어가잖아요!"

설비 아저씨가 소리를 크게 질렀다.

"저…… 제가 그랬는데요."

기어들어 가는 목소리로 대답했다. 설비 아저씨 날 째려보고는 한마디 한다.

"이 집은 하여간 쉬운 게 하나도 없어!"

그리고 나는 또 쉽지 않은 제안을 했다. 실험하는 김에…….

"천장도 플라스틱 같은 욕실용 마감재를 붙이지 말고 페인트로 마무리하죠. 우리 집은 건식으로 쓸 거니까 욕실에 습기가 많지 않을 것이고, 굳이 그런 재질을 쓰지 않더라도 크게 문제 되지 않을 거예요. 창문도 큰데요, 뭐."

설계 팀은 내 제안을 기분 좋게 받아들였다. 여러 가지 소재를 섞어 쓰면 디자인이 산만해지는데, 내가 한 가지 타일로 마감, 천장은 페인트칠을 하겠다고 하니까 말이다. 단, 세입자들의 취향은 내 취향과 다를 수 있고, 욕실이 작기 때문에 벽타일과 바닥타일은 소재를 달리하되 그 대신 톤을 맞춰서 밝은 색으로 가기로 했다. 모처럼 만장일치!

우리 집 디자인은 간결하고 단순한데, 욕실을 알록달록하게 하는 건 전체 분위기와 맞지 않았다. 설계 팀은 무채색을 권했고, 나는 무조건 환한

색으로 하겠다고 했다. 인테리어 잡지에서 보았던 사진들에 영향을 받은 탓이다. 그랬더니 밝은 욕실이 사진으로 보기에는 예뻐 보이겠지만 막상 살게 되면 치워도, 치워도 보이는 머리카락 때문에 스트레스가 만만치 않을 거라나? 사진과 현실은 차이가 있다는 거다. 그래서 아주 마음에 드는 색은 아니었지만, 4층은 짙은 회색 타일을 깔았다. 막상 살아 보니 흰색 타일에서 무채색 타일로 바꾸기를 정말 잘했다 싶다. 날마다 욕실에는 왜 그렇게 머리카락이 많이 떨어져 있는지! 무채색 타일 덕분에 바빠서 며칠 화장실 청소를 하지 못했을 때도 별로 티가 나지 않는다. 게으른 아줌마를 살려 주는 신의 한 수?

4층을 제외한 2, 3층 화장실.
전체적으로 톤을 회색으로 맞춰 작은 욕실이지만 넓어 보이는 효과를 주었다.

## 욕실 천장도 페인트로 마무리

욕실 천장을 페인트로 마무리하는 것에 대해서는 약간 이견이 있었다. 우리 집 페인트 공사에는 울트라 그립과 덤프록, 던에드워드 페인트가 쓰였다. 덤프록은 방수 페인트지만, 울트라 그립은 방수 페인트는 아니다. 그렇지만 울트라 그립에 곰팡이 방지 기능이 있고, 던에드워드 페인트도 어느 정도 습기를 막아 주는 기능이 있기 때문에 실패할 것 같지는 않았다. 게다가 욕실마다 창문을 아주 커다랗게 만들었기 때문에 자주 환기만 잘 시키면 습기 때문에 곰팡이가 생기는 일은 없을 거라는 생각이 들었다. 욕실에 커다란 창문이 있는 것은 채광뿐만 아니라 환기에 유리하기 때문이다. 환하게 빛이 들어오는 욕실은 아주 쾌적하다. 밖에서 안이 보이지 않을까 하는 걱정은 붙들어 매도 좋다. 욕실 창문에는 불투명 유리를 썼기 때문에 밖에서 안이 보이지 않는다.

두 번 겨울을 지내고 난 지금, 욕실은 정말 아무 일도 없었을까? 첫 번째 겨울을 날 때는 한겨울에도 자주 환기를 시켜서 말끔했다. 페인트로 천장을 마무리한 실험은 성공이라고 좋아했다. 그 바람에 두 번째 겨울에는 아무 문제가 없을 거라고 너무 방심을 했다. 샤워하고 난 뒤 물기가 천장에 있는 것을 보고도 환기를 시키지 않았더니, 아뿔싸! 곰팡이가 생겨 버렸다. 빗각으로 위만 살짝 열어도 환기시킬 수 있는 창호였는데도 내가 게으른 탓이었다.

하지만 다른 집들은 나처럼 게으르지 않기 때문에 자주 창문을 열어 환기를 잘 시켰고, 그 덕분에 지금까지 별다른 문제는 없다. 천장을 페인트로만 마무리하는 것은 조금 모험일 수도 있었는데, 이 정도면 결과가 나쁘지 않아서 다행이다. 페인트 마감이 문제가 아니라 환기가 중요하다는 것을 다시 확인하는 계기가 되었다. 하지만 주의할 것은 욕실 천장을 ABS 재질로 하지 않고 페인트로 마무리하려면 전제 조건이 있어야 한다. 환기를 시킬 수 있는 창문이 반드시 있을 것! 샤워를 하고 난 뒤, 습기가 많을 때는 창문을 열어서 습기를 없앨 것! 이 두 가지만 잘 지켜도 욕실에 곰팡이가 생기는 일은 막을 수 있다. 결론은 제아무리 좋은 재료로 공사를 잘했다 하더라도 쓰는 사람들이 관리를 잘해야 한다는 것.

아무튼 건식 욕실로 공사를 해 놓고 나니 청소도 그리 어렵지 않다. 욕실 청소도 다른 곳과 마찬가지로 청소기만 돌려 주면 된다. 욕실 청소를 할 때마다 물을 낭비하지 않아도 된다. 처음에는 물을 끼얹지 않고 욕실 청소를 하는 것은 상상도 못 할 일이었다. 하지만 습관을 바꾸니 별로 어려운 일이 아니었다.

핀란드 건축가 알바알토 집의 욕실에 있는 세면기.
유럽에서 쓰는 세면기에는 차가운 물과 뜨거운 물을 따로 조절하는 수전이 설치되어 있는 곳이 많았다.

## 욕조, 사용 횟수와 목욕 취향에 따라 선택

　　욕조를 고르는 일도 이상과 현실은 달랐다. 하얗고 둥그런 욕조가 방 한가운데 둥그러니 놓여 있는 사진을 많이 보았을 것이다. 언뜻 보면 욕실인지 방인지 구별이 안 가는데 여자들은 왠지 혹한다. 그런 사진을 보고 건식 욕실을 꿈꾸었던 나는 그저 예쁘기만 한 욕조를 골랐다. 더구나 수도 공사가 이미 끝난 뒤라 원하는 욕조를 설치하지 못한 적이 있기 때문에, 이번엔 꼭 원하는 디자인을 고르려고 했다. 그런데, 또다시 나를 좌절하게 만드는 욕실 도기 담당자의 한마디.

　　"그건 사진만 그렇게 근사하게 보이는 거예요. 보기에는 멋있죠. 그런데, 배수구는 어디로 빼실 거예요?"

　　이런! 이번에는 배수구가 문제였다. 바닥 위에 덩그러니 놓여 있는 욕조를 현실화하기까지는 수도관부터 배수관까지 미리 다 공사가 끝나 있어야 했다. 사진은 어디까지나 사진일 뿐. 변기와 세면대를 분리하지 못한 아쉬움을 달래 보고자 욕조는 꼭 놓으려 했는데, 막상 수도와 배관 공사가 다 끝난 뒤 내 마음에 드는 모델을 고르는 일은 순서가 거꾸로 뒤바뀐 것이다.

　　할 수 없이 다른 욕조를 골라 보았으나 기성품은 규격이 맞지 않았고, 이동식 욕조는 배수구 위치 때문에 내 마음대로 고를 수가 없었다. 반신욕을 위한 욕조를 두자니 자리가 어정쩡했고, 이것도 저것도 귀찮다고 아무거나 놓자니 '집을 새로 지었는데 욕조 하나 내 마음에 드는 것을 놓지 못하나' 하는 아쉬움이 가시지 않았다. 그 때문에 집이 완공된 뒤에도, 이사를 하고 나서도 한동안 욕실은 미완성이었다. 고심 끝에 욕조를 놓았으나, 식구들 가운데 나만 욕조를 썼다. 그마저도 반신욕을 하겠다고 욕조에 물을 채우자니 물이 너무 아깝다는 생각이 들었다. 지금 있는 욕조 대신 반신욕조를 놓았으면 훨씬 쓰기에 좋았을 텐데, 잘못된 선택이었다.

　　욕조를 고를 때 쓰는 사람의 취향을 무시할 수는 없지만, 기능을 지나쳐서는 안 된다. 샤워부스는 자리를 많이 차지하지 않지만, 반신욕이나 전신욕을 할 수 없다. 커다란 욕조를 들여놓아도 막상 주부들은 나처럼 수도세 걱정에 물을 가득 채워 놓고 목욕하는 일은 많지 않을 것이다. 그러니까 반신욕을 자주 한다면, 전신욕조보다는 차라리 반신욕조를 들여놓아서 수도세 걱정을 더는 것이 낫겠다. 욕실 공사를 할 때 조금만 더 생각할 여유가 있었더라면…… 아니, 차라리 그때 소장님 말대로 수도 배관 공사를 다시 해서라도 원하는 대로 할걸…….

샤워실과 세면실 사이에 유리로 칸을 나누었다. 샤워실 바닥은 조금 낮다.
건식 욕실을 쓰지 않을 경우를 대비해서 배수구는 샤워실과 세면기 아래 두 곳에 만들었다.

**Tip.**
## 욕실 도기 고르기

### 욕실이 너무 작아서 세면대와 변기를 따로 놓기 어렵다면?

세면대와 변기 일체형 도기를 쓰면 좋을 것이다. 변기와 세면대가 모듈 형태로 붙어 있고, 별도의 작은 수납장도 있어서 욕실 공간을 활용하기에 알맞다.

### 세면기 수도꼭지는 손에 비누가 묻어 있을 때도 쓰기 편한지 살펴볼 것.

세면기 수도꼭지를 살펴보면 손잡이가 긴 형태가 많다. 우리 집 세면대 수도꼭지는 손잡이가 아주 짧다. 깔끔하고 단순한 디자인이다. 예쁘긴 한데, 손에 비누 거품이 잔뜩 묻었을 때는 불편하다. 손잡이가 긴 수도꼭지였다면, 굳이 비누 묻은 손으로 잡지 않아도 손등으로 작동하기 편리했을 텐데, 하는 아쉬움이 있다. 이 점을 감안할 것!

### 절수형 변기와 센서용 수도꼭지로 물 절약!

집에서도 센서용 수도꼭지를 쓸 수 있다. 센서로 작동하기 때문에 일반 수도꼭지보다는 고장 나기 쉽지만 물을 절약하는 데는 도움이 된다. 절수형 변기는 일반 변기와 다르게 물탱크가 따로 없어서 물을 받아 두지 않고 최소한의 물로 쓰게 되어 있다. 그렇기 때문에 콸콸 물 내려가는 소리가 들리지 않아서 시원한 느낌이 들지 않지만, 이것 역시 습관 들이기 나름!

부엌,
배치의 기술

## 밥 먹는 곳 그 이상의 장소

집을 살 때 여자들이 가장 많이 보는 곳이 부엌이다. 부엌이 불편하면 하루가 피곤하다. 부엌은 단지 하루 세끼를 해결하기 위한 곳이 아니라 그 이상의 의미가 있는 곳이다. 집을 지을 때도 부엌을 어디에 둘 것이냐 하는 문제는 쉽게 결론이 나지 않았다. 부엌을 서쪽에 두지 않는다는 것쯤은 누구나 상식으로 알고 있으나, 막상 설계 들어갈 때는 여기저기 걸림돌이 있다. 부엌을 어디에 둘지 고민하는 것만 어려운 게 아니라 가족들의 생활 방식, 개인 취향도 생각해야 하기 때문이다.

우리 집의 경우, 처음에는 집 한가운데 곡선 창이 있는 곳에 부엌을 만들기로 했다. 하지만 해가 하루 종일 잘 들고 전망이 가장 좋은 남쪽을 온 식구가 기분 좋게 밥을 먹는 공간으로 바꾸기로 했다. 내친 김에 손님들이 왔을 때는 식구들의 공간과는 완전히 분리가 되고, 손님들이 편하게 이야기 나누는 까페 같은 부엌으로 만들기로 했다. 그러다 보니 우리 집은 가운데 출입구를 중심으로 개인 공간과 여러 사람이 함께 쓰는 공용 공간이 완전히 나뉘는 특이한 형태가 되었다. 손님들이 우리 집에 오면, 내가 안쪽으로 안내하지 않는 한, 손님 공간 외에 다른 곳은 보이지 않는다. 손님들이 와도 아이들은 각자 방에 있으면 전혀 소리가 들리지 않기 때문에 불편해할 일도 없다.

부엌에 있으면 하루 종일 빛이 잘 들고, 창밖으로 동네가 내려다 보이니, 사계절 내내 풍경이 달라지는 모습을 보는 것이 큰 즐거움이다. 모두 자기 방이 있지만, 식구들은 볕 쬐러 나온 병아리마냥 까페 같은 부엌으로 모인다. 손님들은 손님들대로 스카이라운지가 따로 없다고 좋아한다. 카페 같은 부엌을 만들기로 한 계획은 대성공.

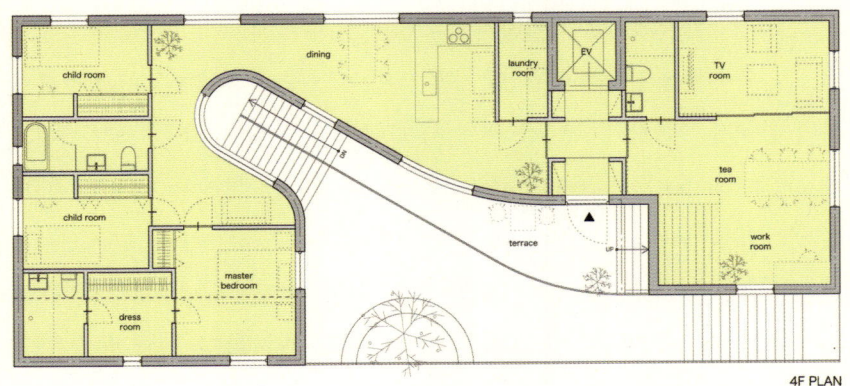

4F PLAN

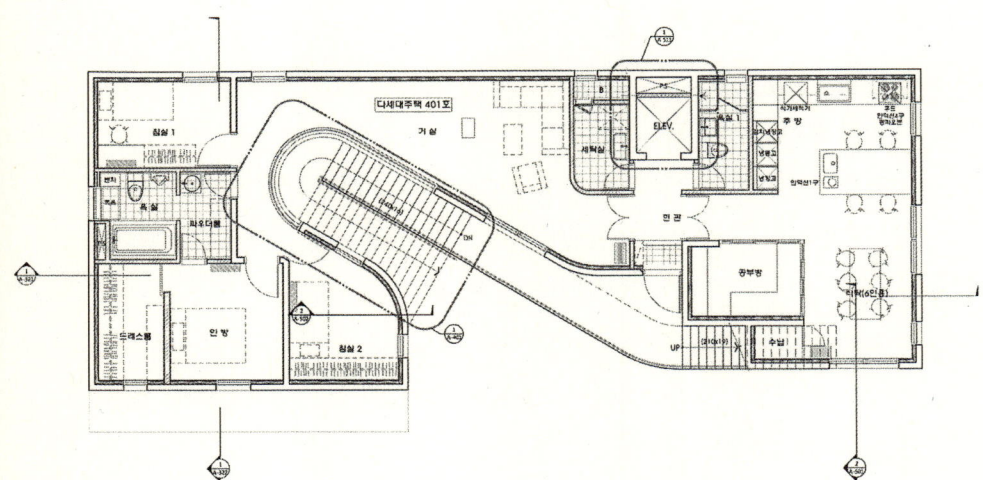

위 : 부엌이 집 가운데 있다. 싱크대 모서리가 동선을 방해할 가능성이 있다.
아래 : 부엌을 집 전면, 남쪽으로 옮겼다.
어디에도 막힌 곳이 없기 때문에 동선이 자유로울 뿐만 아니라 무엇보다 전망이 훌륭하다.

## 가전제품에 휘둘리지 않는 부엌 디자인

부엌에 놓아야만 하는 많은 가전제품들은 부엌 디자인에 방해가 된다. 냉장고, 전기밥솥, 전자레인지, 오븐, 토스터, 커피포트…… 부엌살림에 필요한 가전제품은 너무나 많다. 특히 냉장고와 김치냉장고는 배불뚝이처럼 툭 튀어나와 있어 여간 보기 싫은 것이 아니다. 이것저것 다 들여놓으면 부엌은 가전제품 전시장처럼 정신없이 산만해진다. 부엌을 가전제품 전시장으로 만들 수는 없었다. 그러자니 어지간한 것은 숨길 수 있게 디자인을 해야 하는데, 냉장고는 이러지도 저러지도 못하는 애물단지였다. 특히 집은 작아도 냉장고는 커야 한다고 굳게 믿고 있는 요즘, 냉장고 놓을 장소를 설계할 때부터 생각하지 않는다면 부엌 설계는 사실상 실패다.

집을 짓기 전에는 우리 집 냉장고도 무척 컸다. 그런데, 집을 지으려고 잠깐 지낼 곳으로 이사하면서 10년이 넘은 냉장고를 더 이상 쓸 수 없게 되었다. 집 짓는 동안 1년 가까이 아주 작은 냉장고로 겨우 버텨야 했는데, 그 덕분에 시장에 가면 당장 며칠 먹을거리만 사게 되었다. 예전에는 냉장고가 크니까 1주일 이상 먹을 수 있는 식품을 사서 쟁여 놓고, 건망증 때문에 냉장고에 뭐가 들었는지 까먹는 일이 많았다. 그러다 보니 상해서 버리는 것도 부지기수. 하지만 작은 냉장고를 쓰다 보니 먹을 만큼 시장을 보고, 꼭 필요하지 않은 것은 사지 않는 습관이 들었다. 습관을 고치고 나니 더 이상 큰 냉장고가 필요하지 않았다.

처음 부엌 설계안은 시중에서 판매하는 큰 냉장고를 기준으로 디자인이 되어 있었다. 냉장고 깊이가 90cm가 넘는 대형 냉장고를 여기저기 놓은 시안을 보니 갑갑했다. 고민, 고민하다 냉장고를 벽 사이에 넣었다. 냉동식

품은 거의 먹지 않으니까 큰 냉동고도 필요없었다. 튀어나오지 않게 설계를 바꿔 보기도 했는데, 그것도 썩 내키지 않았다. 가전제품 매장을 돌아다니며 알맞은 제품이 있는지 살펴보니 하나같이 냉장고가 어찌나 큰지! 가전제품 매장에서 육중한 덩치의 냉장고 문을 열지 못해 낑낑대는 내 꼴이 우습기 그지없었다. 조금 더 나이 먹으면 냉장고 문을 못 열어서 굶게 생겼구나 싶었다. 게다가 여러 가지 문양으로 꾸민 냉장고 문 디자인이 곧 싫증이 날 것 같았다. 10년 뒤에도 저 디자인이 내 눈에 예쁘게 보일까? 아무리 생각해도 그럴 것 같지 않았다. 게다가 냉장고 윗부분은 비워 놓기도, 그렇다고 수납장을 놓기에도 어정쩡한 공간이다. 이런저런 고민을 했지만, 설계 팀은 설계 팀대로 부엌의 편리한 동선도 고려하면서 말끔하게 디자인을 하는 데 냉장고가 걸림돌이었고, 나는 나대로 까페 같은 부엌을 꾸미는 데 역시 커다란 냉장고가 방해가 됐다.

　　　　부엌 디자인을 고치고, 또 고치고, 다시 의논하고…… 우리 집에서 부엌 디자인만큼 많이 고친 곳도 없을 것이다. 여러 번 부엌 디자인을 바꿨는데도 마음에 들지 않았다. 할 수 없이 가격 때문에 속은 쓰렸지만 빌트인 냉장고를 쓰기로 했다. 깊이도 깊지 않고, 폭도 넓지 않아서 내용물이 한눈에 보인다. 냉장고 위까지 수납장을 짜고 그 안에 냉장고가 들어가는 빌트인은 겉으로 보면 냉장고가 있는지 없는지 알 수 없어서 말끔하다. 김치냉장고도 김치를 보관하지 않을 때는 일반 냉장고와 냉동고로 쓸 수 있는 걸로 골랐다. 그런데, 도무지 이해할 수 없는 것은 빌트인 가전제품은 왜 그렇게 비싼 거지?

위 : 가장 단순하고 번쩍임이 없는 디자인으로 싱크대와 붙박이 수납장을 만들었다.
아래 : 복도 문을 열면 식구들 공간이 보인다.
평소에는 식구들 공간 쪽 문을 닫기 때문에 손님들은 작업실과 붙박이장 사이의 통로로 들어온다.

## 냉장고 위치에 따라 부엌 디자인이 달라진다

냉장고는 종류도 종류지만 자리를 잡는 일도 중요하다. 냉장고는 식재료를 보관하는 용도로만 쓰는 것이 아니다. 식구들이 수시로 음료를 꺼낼 수 있도록 모두가 쓰기 편한 곳에 있어야 한다. 냉장고는 개수대와 조리대하고도 가까워야 하지만, 식탁과도 가까워야 한다. 부엌에서 가장 자주 쓰는 가전제품인 만큼, 접근성이 떨어지는 자리는 피할 것. 대형 냉장고들은 싱크대보다 튀어나와 있기 때문에 대부분 구석 자리에 둔다. 특히 문이 오른쪽으로 열리는 특징이 있기 때문에 왼쪽 구석에 두기가 쉽다. 하지만 아일랜드바가 냉장고 앞에 있는 11자형 부엌이라면 동선이 엉켜서 불편하다.

집 크기에 따라 싱크대 디자인도 여러 가지로 할 수 있을 것이다. 작은 집에 가장 많이 쓰이는 1자 형태 부엌. 조금 더 공간 여유가 있을 때는 ㄱ자, 또는 11자 형태의 부엌도 가능하다. ㄷ자 부엌 싱크대가 가장 동선도 짧고 편리하다고 하는데, ㄷ자 싱크대는 양쪽 구석 공간을 활용하기가 어렵다. 우리 집은 여러 가지를 모두 반영해서 변형된 ㄷ자 형태가 되었다.

식사 공간을 따로 두고 싶다면, 식탁과 의자가 차지할 면적을 미리 염두에 두자. 6인용 식탁은 보통 180cm이고, 4인용 식탁은 보통 120cm다. 한 사람 식사 공간으로는 60cm 정도가 알맞다. 어깨가 넓은 남자들도 그 정도 공간이라면 불편하지 않다. 식탁 폭은 75~90cm인 것이 많이 쓰인다. 내가 만든 식탁 크기는 가로 140cm, 세로 75cm다. 그런데 손님들이 여럿 올 경우에는 아무래도 좁다. 뿐만 아니라 음식을 차려도 그릇을 충분히 놓을 수 없어서 근사한 상차림을 할 수 없다. 아무래도 식탁은 조금 넉넉하게 다시 만들어야겠다.

## 공간 활용을 위해 만든 부엌 가구

부엌 가구를 고를 때 가장 힘들었던 게 MDF를 쓰지 않은 가구를 고르는 것이었다. 친환경 자재로 만들었다고 광고를 하고 있는데, 실제로는 MDF 재질로 만든 것이 많다. 그렇다고 부엌 가구를 MDF가 아닌 원목으로 만들게 되면 단가가 어마어마하게 비싸기 때문에 그 또한 만만치 않다. 우리 집은 집 안에서 쓰는 가구 대부분을 자작나무 합판이나 집성목을 주문해서 목수 아저씨에게 짜 달라고 부탁했다. 하지만 부엌 가구는 단가 때문에 어쩔 수 없이 기성 제품을 쓸 수밖에 없었다. 아쉬운 대로 식탁으로 쓸 탁자와 아일랜드바는 미송과 코코넛 타일로 디자인해서 만들었다. 가구 전문 디자이너가 만든 것은 아니지만, 나무를 주문해서 내가 원하는 모양으로 디자인해서 만든 탁자라 만족스럽게 쓰고 있다.

카페 같은 부엌을 만들려면 무엇보다 가구 디자인이 중요하다. 어디를 보아도 식탁 같아 보이는 가구를 들여놓았을 때 부엌 같은 느낌을 피할 수 없다. 하지만 식탁처럼 보이지 않는 탁자를 놓는다면 분위기는 많이 달라진다. 음식을 차려 놓으면 식탁이 되지만, 책상처럼 쓸 수도 있고, 차 마실 수 있는 분위기의 탁자를 놓는 것만으로도 부엌 분위기는 완전히 달라진다. 60mm 되는 원목 판재를 사서 탁자를 만들고, 까페 분위기가 나는 의자를 놓았다.

만약 집이 좁아서 큰 식탁을 놓을 수 없다면 접이식 탁자를 이용해 보자. 우리 집 203호와 205호를 위해서 디자인한 게 접이식 탁자다. 탁자 상판을 접었다 폈다 할 수 있도록 만들었다. 지지대는 탁자 밑에서 당겨서 꺼내도록 되어 있다. 크기가 작지만, 203호 이웃은 책을 보는 책상으로 쓰기도 하고, 차를 마시는 차탁으로 쓰기도 하고, 식구들이 다 같이 밥을 먹는 식탁으로도 쓴다. 식탁과 의자를 모두 놓을 수 없는 작은 공간에서 훌륭하게 쓸 수 있다.

책상 위판이 반으로 접힌다. 겹쳐서 보관할 수 있는 스툴을 의자로 활용할 수 있다.

# 동선을 고려한 부엌 설계 변천사

*1* 냉장고를 작업실과 부엌 사이의 벽 속에 숨기고, 냉장고 길이만큼의 공간은 작업실과 부엌의 수납공간으로 활용. 부엌에는 아일랜드 바를 설치한 디자인.

작업실
욕실
냉장고 깊이 91cm로 조정
현관
아일랜드 바 설치
UP
수납

*2* 아일랜드바 대신 ㄷ자 싱크대 하부장을 설치한 디자인. 냉장고에서 식재료를 꺼내서 개수대로 이동하는 동선이 불편한 것이 단점.

작업실
현관
수납
UP

*3* 위의 단점을 보완하기 위해 과감하게 작업실 크기를 줄여서 위치를 바꾸고 냉장고, 개수대, 조리대, 가열대를 요리하기 쉬운 순서대로 놓았다.

김치냉장고
냉장고
냉동고
주방
작업실

조명,
위치와 용도에 따라 달라진다

## 공간별로 나누어서 조절하라

우리 집 조명이 다른 집들 조명과 가장 다른 것은 공간마다 조명을 따로 켤 수 있도록 설계했다는 점이다. 대부분의 집은 방에 들어가면 천장에 커다란 등이 하나 달려 있을 것이다. 보통 거실 같은 경우는 작은 등이 여러 개 달린 천장등이 거실 한가운데 달려 있다. 그래서 스위치를 켜면 등이 많은 쪽은 너무 밝아 전구를 한두 개 빼놓는 경우가 있을 것이다. 그런 천장등은 지나치게 밝은 부분과 약한 부분이 생긴다. 조명을 공간별로 나누어 달면 이런 문제를 해결할 수 있다. 방 조명을 천장등 하나로 해결하는 것이 일반적인 방법이라면, 우리 집은 사람들이 이동하는 동선에 따라 공간별로 조명을 나누어 달았다.

예전에 유럽 여러 나라의 임대 아파트에서 지낸 적이 있었다. 공통적으로 그들은 간접 조명을 많이 쓴다. 천장에 등이 있는 경우는 대부분 장식용 포인트등이었다. 침대 옆, 책상 위, 소파 옆…… 그들은 집 안 곳곳 필요한 공간에 적절한 간접 조명을 쓰고 있었다. 처음에는 집이 어둡다는 느낌이 들어서 무척 불편했다. 그들 집에는 천장에 등이 없는 경우도 많았다. 그 대신 필요한 곳에는 반드시 간접 조명등이 있었다. 그런데 묘하게도 시간이 흐를수록 그 분위기가 편안해지기 시작했다. 집 안 곳곳에 적절하게 나누어 설치한 간접 조명들이 무척 아늑하게 느껴졌다. 필요 없는 곳까지 훤하게 밝히는 것이 아니라, 내가 있는 곳에만 조명을 밝혔을 때 느낌은 마치 동굴 안에 있는 안전한 느낌이라고 할까? 나는 그때의 경험을 잊을 수 없어서 우리 집 조명도 천장등 하나로 조절하지 않고, 다운라이트를 설치해서 공간마다 따로 켜는 설계를 해 달라고 주문했다.

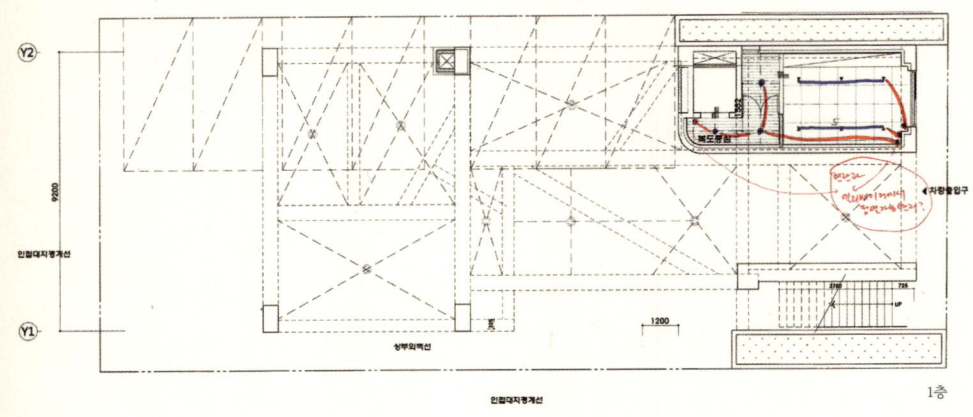

1층

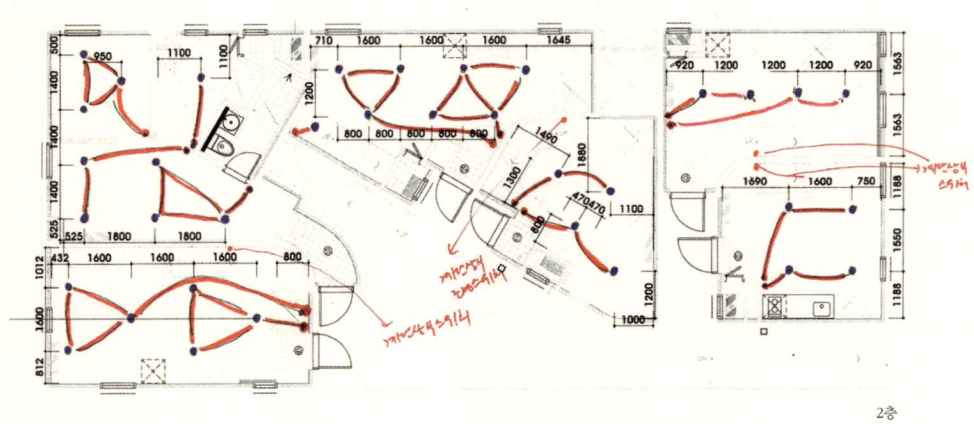

2층

□ : 바깥 조명등
● : 포인트 조명등
○ : 다운라이트 등
◎ : 자동 감지 조명등
━ : 욕실 조명등
빨간 선은 스위치가 연결된 부분.
조명등 2~4개씩 묶어서 스위치로 조절할 수 있다.

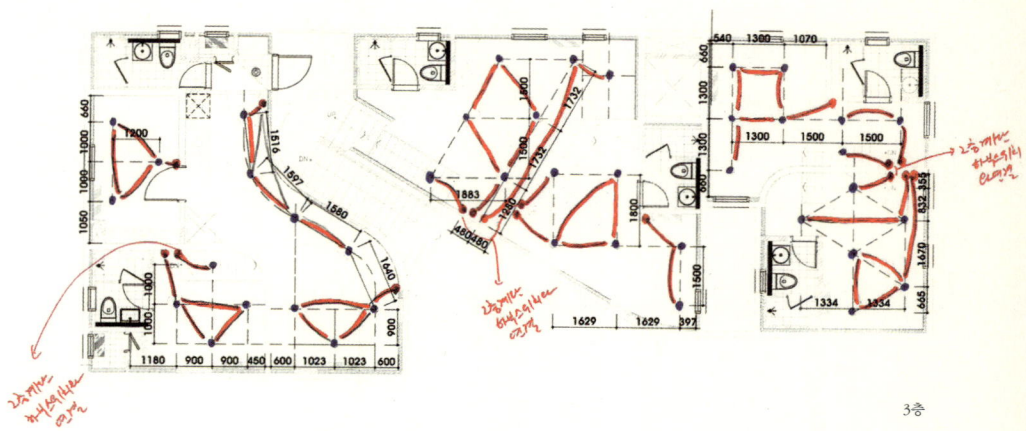

3층

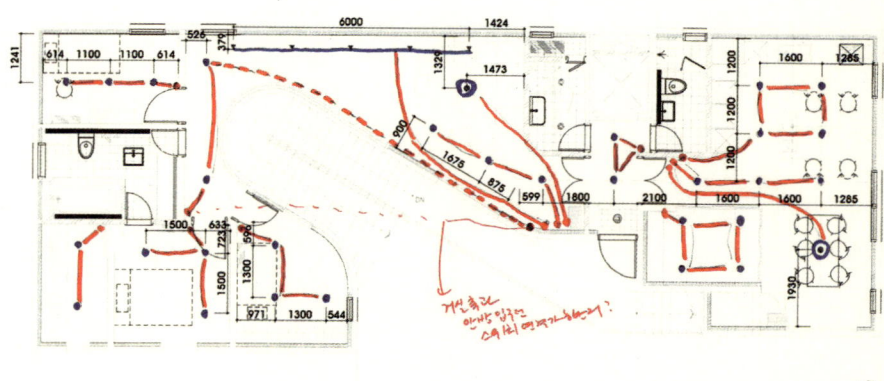

4층

보통 집 안에서 많이 쓰는 등은 주광색 형광등이다. 그런데 전기 세를 아끼기 위해 모든 세대에 LED등을 달기로 했다. 또한 집 안만 아니라 건물 외부에도 사람들이 다니는 동선에 따라 조명을 달기로 했다. 처음 계획은 대문을 들어서서 계단을 올라갈 때마다 하나씩 불이 켜지는 센서등을 달기로 했는데, 어찌 된 일인지 천장에 다는 센서등처럼 사람이 감지되면 켜졌다가 곧 꺼지는 계단용 센서등은 없다고 했다. 내가 원하는 것처럼 사람이 지나갈 때 감지해서 불이 켜지는 센서등은 따로 만들지 않고는 기성품으로 대체할 수 있는 것이 없었다. 이런 세세한 자재들을 만드는 업체가 없다는 거다. 디자인이 너무 제한되어 있어서 고를 수 있는 종류도 적고 우리 집에 어울리는 디자인을 찾을 수 없었다. 할 수 없이 기성품에서 고른 뒤, 불을 켰을 때 건물과 이질감이 느껴지지 않도록 노출 콘크리트 색 계열로 페인트칠을 해서 이질감이 느껴지지 않도록 했다.

이것 말고도 마감할 때 쓰이는 자잘한 것들을 디자인하는 곳이 없기 때문에 사소한 것에서 마무리가 예쁘게 되지 않는 경우가 많다. 예를 들면 정화조 뚜껑, 전단함 덮개, 수도 계량기함의 덮개, 가스 계량기함 같은 것들이다. 이런 것들은 설치하자니 디자인이 너무 떨어져서 거슬리고, 그렇다고 설치하지 않을 수도 없는 것들이다. 찾는 사람들이 적기 때문에 디자인까지 신경 써서 만들지 못한다고 하는데, 이런 것들이 옥의 티로 남았다. 이런 자잘한 것들까지 마음 써서 만들 수 있어야 건축 디자인의 세심한 부분까지도 완성도가 높아지지 않을까?

© 사가구치 하루오스

집 안 조명을 의논할 때, 나카에 유지는 주광색보다는 전구색을 달 것을 권했다. 주광색은 전구색에 비해서 조금 더 밝은 느낌이 들고 전구색보다는 푸른빛이 더 들어 있다. 나는 눈이 나쁘기 때문에 집 안이 어두우면 불편하다고 나카에 씨 의견에 반대했다.

"집 안에 전구색을 쓰면 굉장히 아늑합니다. 이 집은 공간별로 전등을 따로 켤 수 있기 때문에 전구색 등을 쓰면 무척 편안할 겁니다. 제 말 한 번 믿어 보시고 전구색으로 해 보세요."

일단 건축가의 말대로 해 보고 정 불편하면 전구를 바꿔 끼울 마음으로 전구색 등을 달았다. 그런데 나카에 씨 말이 맞았다. 나뿐만 아니라 입주자들은 전구색 등을 무척 편안해 했다. 이 글을 쓰고 있는 지금도 다른 곳은 모두 조명이 꺼져 있고 전구색 등만 작업실 책상 위를 비추고 있다. 아늑하고 포근하다. 집중에도 도움이 되는 것은 말할 것도 없다.

## 갤러리등을 활용한 거실과 전실

4층 거실에는 포인트등을 제외한 나머지 공간에도 역시 다운라이트와 센서등 그리고 갤러리등을 각각 따로 달았다. 거실은 무려 네 곳으로 구역을 나누어 각각 다른 조명등으로 조절할 수 있게 만들었다. 거실로 들어가기 전 복도에는 센서등이 켜진다. 거실 왼쪽 곡선 창문 쪽은 일직선으로 다운라이트가 설치되어 있고, 한가운데는 포인트등이 있다. 그리고 오른쪽 벽 쪽에는 그림이나 다른 것들을 따로 밝힐 수 있도록 갤러리등을 달았다. 거실을 지나 방문이 있는 식구들 공간 입구에는 다운라이트를 달아서 다른 곳 조명이 모두 꺼져도 불편하지 않도록 만들었다. 이렇게 각각 구역별로 나눈 조명은 저녁이 되면 제구실을 톡톡히 한다. 서재 같은 거실, 또는 갤러리 같은 거실이 되었다. 공간을 누가 무슨 용도로 쓰느냐에 따라 분위기는 달라진다.

갤러리등을 단 곳이 또 한 곳 더 있다. 바로 4층 전용 출입구 전실이다. 이 집을 설계할 때부터 전실을 갤러리로 꾸미려고 마음먹었기 때문이다. 전실은 식구들이 집으로 드나드는 출입구다. 출입구를 단순히 출입구로 놔두지 않고 갤러리로도 쓰고 싶었다. 그래서 조명을 분리해서 기능을 구분했다. 우선 사람이 문을 열고 드나들 때 저절로 켜지는 센서등을 출입구와 엘리베이터 앞에 설치했다. 그리고 전실 전체는 갤러리등을 달기 위한 레일을 설치해서 갤러리 조명등을 달았다. 그런데 여기서 놓치면 안 될 것은 갤러리 출입구 쪽에서도, 엘리베이터 쪽에서도 모두 조명을 끄고 켤 수 있어야 한다는 점이다. 전실이 길기 때문에 전기 스위치가 한쪽에만 있으면 불을 켜고 끌 때 불편하다.

(p. 104 1층 조명 배선도 참고)

조명을 어떻게 배치하느냐에 따라 집 안 분위기는 매우 달라진다. 하지만 조명을 제대로 나누어 설치하려면 의외로 꼼꼼하게 준비해야 한다. 내부 설계가 끝나면, 집 안 활동에 따라 가구를 어떻게 놓을지 미리 예측해야 하고, 그래야만 비로소 적재적소에 조명 배치를 할 수 있다. 조명을 나눈다는 것은 전기 배선을 미리 해 놓지 않으면 불가능하기 때문이다. 특히 벽에 간접 조명을 달고 싶어 하는 사람들이 많은데, 벽에 전기선을 미리 매립해 두지 않으면 벽에 등을 다는 것은 불가능하다. 따라서 리모델링을 하거나 신축 공사를 할 때는 전기 배선도를 보고, 내가 쓰고 싶은 조명을 원하는 위치에 달 수 있는지 꼭 확인해야 한다.

201호 침실에는 이동할 수 있는 조명등을 놓았다.
침대 머리맡에 놓으면 등 하나로 양쪽 침대 모두 밝힐 수 있다.

복층으로 설계된
작은 집

## 작아도 이층집

　　작은 집을 복층 구조로 설계한다는 것은 우리나라에서는 무척 드문 일이다. 간혹 간이 2층이 있는 오피스텔이 있는데, 우리 집은 2~3층 모두 천장 높이가 같을 뿐 아니라 다른 집보다 조금 더 높다. 복층 구조는 층으로 공간을 나누기 때문에 공간 배치를 재미있게 할 수 있다. 나카에 유지의 첫 번째 시안에서는 부엌이 위층에 있고 침실이 아래층에 있었다. 하지만 현관문을 열었을 때 바로 침실이 보이는 것보다 위층에 침실을 두어서 사적인 공간은 좀 더 조용하게 만들어 주는 것이 나을 것 같았다. 그래서 한 집이 2층과 3층을 같이 쓰는 복층 구조의 작은 집들은 아래층은 부엌이나 기타 용도로 쓰고, 위층을 침실이나 거실로 쓸 수 있게 설계했다. 복층 구조로 지은 다섯 집은 모두 제각각 장단점이 있다.

　　집 안에 계단이 있는 경우가 흔하지 않아서 여전히 걱정이 되어 나카에 유지에게 물었다.

　　"아이들에게 위험하지 않을까요?"

　　"그렇지 않아요. 오히려 계단이 있는 집은 아이들에게 좋은 놀이터 같은 공간이 됩니다. 아이들은 금방 적응할 뿐만 아니라 위험에 대처하는 법도 빨리 배워요."

　　그의 말이 틀리지 않았다. 실제로 복층집을 구경하러 온 가족들 가운데 아이들을 데리고 온 경우, 아이들은 서로 다투어 계단에 앉아서 놀았다. 비록 방이 따로 없다는 것 때문에 아이들이 있는 가족에게는 환영받지 못했지만.

게다가 노인들은 아무래도 계단을 오르내리는 것이 불편하다. 이런 단점을 모르지 않았지만, 계단이 있는 복층 구조의 집을 짓기로 한 까닭은 전문직인 사람들, 특히 디자이너나 집에서 자기 일을 하는 사람들에게는 매력적일 거라 생각했다.

201호는 가장 작은 복층집이다. 햇빛이 잘 들어서 하루 종일 밝다. 202호는 건축가들이 가장 사랑하는 창문이 위층에 있다. 눈이 내리거나 비가 오는 날, 창밖 풍경은 마치 액자 속의 그림처럼 아름답다. 창문 밖에 처마 역할을 하는 공간이 있어서 밖에서는 안이 전혀 들여다보이지 않지만, 안에서는 밖이 다 보인다.

201호                                    202호                                    203호

203호는 부채꼴 모양의 집이다. 위층에 창문 세 개가 나란히 있어서 바깥 풍경이 그림이 되어 액자가 걸려 있는 것처럼 보인다.

204호는 들어가면 좌우 양쪽으로 공간이 퍼지는 구조다. 206호는 아래층과 위층 모양이 다르다. 위층은 서쪽 벽이 사선으로 기울어져 있어서 다락방 같은 아늑한 느낌을 준다. 아래층은 사무실, 위층은 개인 공간으로 쓰기에 알맞다.

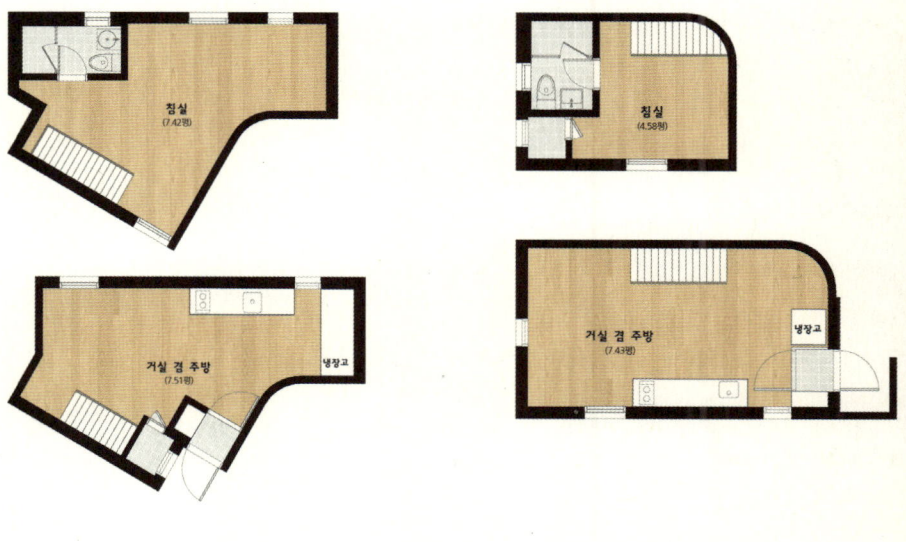

204호                    206호

집에
건강을
더하다

잘생기고
건강한 집 없을까?

## 친환경은 선택 아닌 본능

나카에 유지의 설계는 훌륭하다. 그의 설계는 확실히 자기만의 색깔이 있다. 하지만, 건축가의 설계도를 현실의 건물로 완성하는 것만으로 끝내기에는 뭔가 2% 부족하다는 생각이 들었다. 설계도대로 겉모습을 잘 구현해내는 것도 필요하지만, 겉모습과 동떨어진 속을 가지게 된다면 그것은 온전한 아름다움을 가진 건축과는 거리가 멀 것이다. 그래서 나는 설계는 집 밖 꾸밈exterior뿐만 아니라 집 안 꾸밈interior, 거기서 멈추지 않고 가구까지 디자인해서 넣을 때 가장 완성도 있는 건축물이 된다고 생각한다. 일관된 흐름을 유지하는 것, 어쩌면 가구는 건축에 있어서 맨 마지막에 찍는 화룡점정 같은 것 아닐까? 좀 지나친 생각이라고 말할지도 모르겠지만, 알바 알토Alvar Aalto(핀란드의 건축가이자 디자이너)나 핀율Finn Juhl(덴마크의 건축가이자 산업 디자이너)도 그런 생각을 했기 때문에 손수 가구를 디자인하고 만들었을 것이다. 그들 역시 자신이 설계한 건축물의 안과 밖이 온전히 같은 흐름으로 완성되기 바랐기 때문일 것이다.

디자인도 디자인이지만, 또 다른 문제들이 있다. 새로 지은 집에 들어가 보면 눈이 따갑고 코가 매워서 숨 쉬기 어려운 경우가 많다. 바로 새집 증후군을 일으키는 유해 물질들 때문이다. 하지만 자신이 살 집을 스스로 지을 수 있는 경우는 드물다. 집을 살 형편이 안 되는 대다수의 사람들, 손수 지을 수 없고 다른 사람들이 지어 놓은 집에 들어가 살아야 하는 사람들은 새집 증후군을 따지고 말고 할 선택의 여지가 없다. 하지만 어린아이가 있다면? 아토피 피부염이 있다면? 사람을 먼저 생각한다면 친환경은 단순히 선택의 문제가 아니다. 생존에 필요한, 당연히 해야만 하는 일이다. 그런데도 자재비 절감이라는 까닭으로 많은 건축 현장에서는 친환경 자재를 쓰지 못하고 있다. 다

행스러운 것은 요즘은 건축 자재에서 나오는 독성 물질에 대한 관심이 많아져서 친환경 건축 자재를 쓰라고 많이 권장한다. 매우 바람직한 일이다.

새로 지은 아파트로 이사 가는 사람들은 새집증후군을 예방하기 위해서 건축 자재에서 나오는 독소를 빼는 방법인 베이크 아웃*을 한다. 베이크 아웃을 하고 나면 유해 물질 양이 많이 줄어든다고 하지만 완전히 없어지는 것은 아니다. 2~3년이 지나도 검출된다고 하니 쉽게 없앨 수 있는 물질들이 아닌 것은 확실하다.

5년 전에 집을 리모델링 한 적이 있었다. 그때는 건축 자재에 대해서 잘 몰랐기 때문에 시공하는 사람들에게 모두 맡겼다. 그런데 리모델링이 끝난 뒤가 문제였다. 독한 냄새 때문에 집 안에 오래 있을 수가 없었다. 외출했다가 집에 들어갈 때는 코를 막고 창문부터 열어야 했다. 아무리 환기를 시켜도 독한 냄새가 빠지지 않았다. 눈이 따갑고 코가 매운 현상은 3년 이상 계속됐다. 이제 생각해 보니 리모델링 하면서 썼던 시트지, 벽지, 본드 그리고 싱크대의 MDF, 새로 들여놓은 가죽 소파 때문이었다. 만약 내가 그때 건축 자재의 유해 성분에 대해서 좀 더 자세히 알았더라면 결코 그렇게 공사를 하지 않았을 것이다.

집을 지을 때는 이런 유해 물질을 예방할 수 있는 방법을 생각해야 한다. 건축주가 돈보다 사람에 초점을 두고 집 지을 생각을 한다면 새집증후군은 충분히 막을 수 있다. 나와 우리 식구들이 살 집을 잘 짓는 일에도 신경 써야 하지만, 이웃과 더불어 살아야 하는 집, 다가구나 다세대, 원룸 같은 공동주택을 지을 때는 더욱 신중해야 한다. 어찌 보면 내 손에 이웃들의 건강 문제가 달린 것이 아닌가.

---

* 베이크 아웃bake out : 보일러 온도를 40도로 올려 5~6시간 정도 틀어 놓은 뒤 창문을 열고 3시간 정도 환기를 시키는 방법으로, 3~4회 반복한다.

## 설계, 디자인, 마감의 삼위일체

건축은 종합예술이다. 또한, 우리 일상이다. 건축이라는 예술은 우리 일상에 자리 잡아 우리 환경을 바꾸고, 삶을 행복하게 만들어 주는 데 큰 구실을 한다. 내가 건축이라는 분야에 크게 매료된 것이 바로 이 부분이다.

나는 나카에 유지의 설계가 단순히 파격적이고 독특한 설계로 끝나지 않고 지속 가능한 쪽으로 발전해 나가는 건축이 되기를 바란다. 앞으로 그의 디자인은 얼마든지 달라지겠지만, 그의 설계가 조금 더 나은 가치를 추구하기를 바란다. 모든 사람들이 우리 집처럼 지을 수는 없다. 하지만, 우리 집에서 시도한 것들을 응용할 수 있을 것이다. 그리고 더 발전시켜 나갈 수 있지 않을까? 나카에 유지의 디자인에 친환경 건축 자재를 쓰면 디자인만 좋은 집이 아니라, 건강한 집이 될 수 있겠지. 그래! '나카에 유지의 설계 + 친환경 자재 = 친환경 디자인 주택'을 만들어 보면 어떨까? 이렇게 일을 벌이고야 만 것이다.

건물을 짓고 나면 건축주 취향대로 집 안을 꾸미게 되는데, 그렇게 되면 겉과 속이 전혀 어울리지 않는 불완전한 모습이 되고 만다. 그렇다고 건축가가 건축주의 취향을 무시할 수도 없는 일이고, 설계만 해 주고 집 안을 지지고 볶든지 말든지 관여하지 않겠다고 눈 딱 감아 버릴 수도 없고. 그렇기 때문에 건축가와 건축주 모두 흡족한 결과물이 되려면 무엇보다도 두 사람의 뜻과 취향이 잘 맞아야 한다. 건축가를 선택할 때 그가 설계한 건물들을 먼저 살펴보라고 권하는 까닭이 이것 때문이다.

건축가는 내게 훌륭한 설계를 가지고 왔다. 설계는 훌륭했는데, 건물의 안과 밖, 일관된 디자인을 무너뜨리지 않으려면 건축주인 나는 어떻게 해야 할까? 겉모습과는 달리 막상 집에 들어가 보니 실망스러운 경우가 자주 있는데, 그것은 내부 디자인을 겉모습과 함께 일관적인 흐름으로 디자인하지 못한 탓도 있고, 건축주 마음대로 자재를 선택해서 조화가 무너졌기 때문이다.

　　나카에 유지와 나는 이런 면에서 별로 의견이 다르지 않았다. 내가 마음에 들지 않는 것은 나카에 유지도 마음에 들어 하지 않았고, 나카에 유지가 마음에 들지 않는 부분은 나 역시 마음에 들지 않았기 때문에 의견을 조율해 나가는 데 어려움이 없었다. 아주 사소한 것들을 빼고 큰 틀에서는 그랬다.

　　걸레받이와 몰딩을 예로 들어 보면, 대부분 걸레받이와 천장 몰딩은 MDF 재질로 마감한다. 천장 몰딩을 왜 하는지 물어보니 벽은 콘크리트고 천장은 목공사로 마감을 하기 때문에 두 가지 재질이 만나는 부분은 말끔하게 마무리가 되지 않기 때문에 몰딩을 두른다고 했다. 그렇다면 가려서 안 보이게 하지 말고 마무리를 할 때 조금 더 꼼꼼하게 해서 틈이 생기지 않도록 하고 몰딩을 두르지 말라고 했다. 몰딩이 없으면 천장도 더 높아 보이고 깔끔하다. 굳이 MDF 몰딩을 두를 까닭이 없다. 나와 나카에 유지는 걸레받이도 없애기를 원했다. 걸레받이도 없애서 벽과 바닥의 마감 부분도 깔끔하게 선 하나로 가고 싶었다. 그러나 역시 이 부분도 벽과 바닥재가 만나는 선이 말끔하지 않았다. 실리콘으로 마감할까 했지만 청소할 때 벽이 더러워질 거란 걱정 때문에 끝내 걸레받이를 못 없앴다. 그 대신 기성 제품처럼 두꺼운 것 말고, 원목을 일일이 켜서 가능한 얇게 만들고 높이도 3cm로 해서 눈에 거슬리지 않도록 했다. 작은 집이라도 불필요한 선을 없애면 더 넓어 보인다.

## 똑똑한 소비자 지구를 지켜라

어떤 집이 살기 좋은 집이냐고 물으면, 모두 한결같이 입을 모아 '빛 잘 들어오고 통풍 잘되고 비 안 새고 따뜻한 집'이 좋은 집이라고 할 것이다. '친환경 설계'라는 것이 뭔지 이론으로는 모른다 할지라도 사람들은 본능적으로 알고 있다. 그것이 사람에게 가장 필요한 환경이라는 것을. 그러나 자연의 섭리를 거스른 결과는 부메랑이 되어 우리 생명을 위협하고 있다. 지금까지 우리가 잘못 지은 집들은 우리의 건강을 망가뜨렸다. 사람 중심이 아니라 수익성을 중심으로 지은 집들, 단가를 무조건 낮추고 보자는 시장 논리로 지은 집들이 삶의 질을 해치고 있다.

건물 하나 짓는 데 수백 가지 자재들이 필요한데, 이 건축 자재에서 나오는 유해 성분이 우리 생명을 위협하고 있다는 보도는 너무 흔해서 새로울 것도 없을 정도다. 유해 성분이 나오는 건축 자재는 가장 먼저 건축 현장에서 일하는 사람들의 건강을 위협한다. 집이 완공된 뒤에는 그 집에 사는 사람들의 건강을 해친다. 그리고 건축물이 폐기될 때는 환경을, 지구를 오염시킨다. 그렇게 본다면 친환경은 목숨을 유지해야 하는 모든 생명체들에게는 본능이다. 군이 거창한 철학이 없더라도 사람 중심의 건축을 실현하려면 친환경을 생각하지 않을 수 없다. 지속 가능한 건축, 친환경 건축, 생태 건축이 지금은 낯설고 흔히 시도되는 일이 아니지만, 이미 미국의 리드LEED, 영국의 브리암 BREEAM, 일본의 카스비CASBEE, 우리나라의 녹색건축물 인증 제도 들이 있는 것만 보더라도 앞으로는 소비자들의 눈높이도 높아질 것이다.

"독성이 있는 PVC 바닥재 생산 규제.
그럼 우리가 매일 만지는 창호는?"

한창 나왔던 광고다. 가장 흔하게 쓰이는 창호 재질이 PVC이기 때문에 그것과 차별화된 재질임을 강조하기 위해 만든 광고일 것이다. 광고의 흐름을 보더라도 이제는 건축 자재에도 건강이 키워드로 떠오르는 것을 알 수 있다.

포름알데히드Formaldehyde, 벤젠benzene, 톨루엔toluene, 라돈 Radon, VOCsVolatile Organic Compounds 이름만 들어도 머리가 어지럽고 속이 메스꺼워지는 유해 물질들이다. 그런데 이런 유해 물질들이 집 안 곳곳에 있다. 우리가 흔히 쓰고 있는 건축 자재에서 이런 유해 물질들이 나오는데, 막을 수 있는 방법이 없는 것은 아니다. 소비자들이 똑똑해지면 된다. 아니, 우리나라 소비자들은 이미 똑똑하다. 우리나라 소비자들이 얼마나 깐깐하면 한국에서 성공한 물건은 해외에서도 성공한다는 말이 있을까? 깐깐하고 까다로운 당신, 지금까지 아이들을 위해 유기농을 고르고, 천연섬유로 만든 옷을 골랐다면, 이제는 눈 크게 뜨고 건축 자재를 살피자! 당신과 당신의 아이들, 당신의 가족들을 위해서 말이다. 당신이 식구의 건강을 위해 고른 친환경 자재는 건축 현장에서 평생 일하는 사람들의 건강을 위해서도 더할 나위 없는 선택이다. 더 나아가 우리 아이들이 자라날 환경도 지켜 준다. 우리가 손수 설계를 할 수는 없지만, 건축 자재를 고를 수는 있지 않은가! 우리 선택이 가족뿐만 아니라 현장에서 일하는 아저씨들의 건강, 더 나아가 지구를 지키는 일이라면 얼마나 대단한가? 독수리 5형제만 지구를 지키나? 똑똑한 아줌마들도 지구를 지킬 수 있다.

친환경 주택을
꿈꾸다

## 소형주택도 친환경 인증이 필요해

집을 지어 본 사람들은 알겠지만, 집을 다 지었다고 해서 일이 끝난 게 아니다. 자잘하게 손이 가는 곳이 왜 그리 많은지……. 욕실 수건걸이는 왜 수평이 안 맞고, 실리콘 삐져나온 건 또 뭐며, 방문 손잡이는 왜 뻑뻑한 건가? 왜 한번에 말끔하게 일을 처리하지 못하나? 뜯고 다시 하라고 하자니 쪼잔해 보이고, 그냥 넘어가자니 거슬리는 그런 것들이 한두 가지가 아니다. 건축 회사에서 법률 자문으로 오래 일했던 분이 내게 이런 말을 했다.

"제가 이쪽 일을 하지만, 진짜 집 짓는 건 할 일이 못 돼요. 저는 집 안 지을 거예요. 남들이 지어 놓은 아파트 그냥 들어가는 게 제일 속 편해요."

하긴, 건축가들도 아파트에 사는 사람들이 많다. 건축가라고 해서 모두 자기 집을 짓는 것은 아니니까. 집 짓는 일이 무척 골치 아픈 일은 맞지만, 그래도 건축은 아주 매력 있다. 그래서 그분한테 이렇게 말했다.

"아뇨! 저는 그 반대예요. 또 지어 보고 싶어요. 다음에는 훨씬 더 잘할 수 있을 거예요. 아쉬운 부분들은 확실하게 더 보강하고, 적용하지 못했던 기술들도 적용해 보고. 재미있을 거예요."

평생에 한 번 집을 짓는 것도 과분한 일인데, 또 그런 기회가 주어지겠는가마는 나는 한 번 더 지어 보고 싶다. 이번에 시도하지 못했던 것도 시도해 보고, 실패했던 실험도 마저 하고 싶다. 그리고 정말 내가 다시 한번 지을 기회가 있다면, 친환경 인증 기준에 맞는 소형주택을 지어 보고 싶다.

우리 집에 찾아오는 사람들 대부분은 특이하게 지은 건물을 직접 보고 싶다는 호기심뿐만 아니라 친환경 자재에 관심이 있는 사람들이다. 그리고 대부분은 친환경 자재를 쓰고 싶지만 너무 비싸서 감당할 수 있을까 걱정하는 사람들이다.

"친환경 자재를 쓰면 건축비가 얼마나 비싸질 것 같으세요?"

내가 물으면 대부분은 이렇게 대답한다.

"한 두 배? 세 배 비싸지지 않을까요?"

사실 나도 그렇게 생각했다. 나카에 유지를 만나기 전에 어느 건축업자와 일을 추진하고 있을 때였다. 처음에는 그도 평당 단가로 계산한 건축비를 제시했다. 그런데 내가 내부는 벽지로 하지 않고 친환경 페인트로 칠하겠다고 했더니, 그 자리에서 건축비를 올려 달라고 했다.

"친환경 페인트요? 그럼 한 1억은 더 추가되겠는데요?"

그때는 내가 직접 계산을 하지 않을 때라 견적을 정확하게 알 수 없었다. 좀 비싸게 부른다는 느낌은 받았지만, 그래도 다른 업자들처럼 친환경 자재는 안 쓰겠다고 하는 것보다는 낫다고 생각했다. 그런데 예상하지 못했던 일들이 기다리고 있었다. 친환경 자재를 쓰겠다고 했더니 내가 돈이 많은 줄 알았던 모양이다. 그 뒤로도 만날 때마다 이건 이래서 저건 저래서 건축비가 더 들어간다고 올려 달라 하더니, 끝내는 처음 계약하기로 한 건축비보다 2억이 더 추가됐다. 꽤 의욕을 가지고 일을 하기에 그래도 믿어 보자 했는데, 도장 찍기로 한 날, "친환경 페인트로 해서는 건축비를 맞출 수 없으니 모두 벽지 시공을 하겠다"는 것이었다. 몇 달 동안 조율해 왔던 모든 것이 한순간에 물거품이 되는 순간이었다. 지금 와서 보니 150평 안 되는 건물을 지으면서 얼마나 황당한 요구였는지!

분명한 것은 친환경 자재는 일반 자재보다 당연히 비싸다. 하지만 친환경 자재를 쓴다고 해서 건축비가 두 배, 세 배 비싸지는 것은 아니다. 자재에 따라 다르지만 20~30% 정도? 우리가 쓴 단열재는 오히려 친환경 자재인데도 단가가 10% 정도 쌌다. 그리고 우리 집에 시도해 보려고 했던 친환경 바닥 몰탈 소재와 층간 소음 방지재는 30% 정도 비쌌다. 자재비가 100만 원이라고 가정하면 30만 원 정도 더 들어가는 셈이다. 당장은 조금 비싸게 느껴지지만, 평생 사는 집이라고 생각하고 결과를 따져 본다면 30% 정도 더 지출하고 살면서 얻는 효과는 두 배, 세 배 아니, 비교하기 어렵다.

　　우리 집에 친환경 자재를 썼기 때문에 실내 환경이 좋아진 것은 사실이다. 실내 환경만을 생각한다면 친환경 건축에 한발 더 가깝게 다가섰다고 할 수 있다. 하지만 이것은 친환경 건축이라는 큰 틀에서 보면 일부일 뿐이다. 조금 더 적극적으로 실현하려면 설계 단계부터 주변 환경도 고려하면서 친환경을 생각해야 한다.

　　우리 동네에는 에너지를 절약하는 방법으로 태양열을 이용하는 집들이 많다. 우리 집도 심야 전기를 이용하는 방법을 검토했다. 가장 접근하기 쉬운 태양열판을 달려고 알아보았더니, 건물 전체 세대가 이용할 수 없었다. 전체 세대의 전기세를 줄이기 위해 알아봤던 것인데, 모든 세대가 이용할 수 없다고 하니 아쉽지만 다른 방법을 알아보아야 했다. 그다음 알아본 것은 지열을 이용하는 방법과 빙축열을 이용하는 방법이었다. 하지만 두 가지 모두 설치 방법이나 여러 가지가 우리 집에는 알맞지 않았다. 친환경 건축은 건축 자재뿐만 아니라 더 넓게는 에너지를 쓰는 방법까지도 생각해야 한다는 것을 알게 되었다.

## 친환경 건축물 인증 제도

세계 여러 나라에서는 이미 우리보다 앞서 친환경 건축물 인증 제도를 시행하고 있다. 우리나라에도 녹색건축물 인증 제도*가 있다.

친환경 건축물이라고 하면 친환경 자재로 지은 건축물 정도로만 생각하기 쉬운데, 친환경 건축물 인증을 받기 위해서는 까다로운 조건을 충족해야 한다. 우리보다 먼저 친환경 건축물 인증 제도를 시행해 온 미국의 LEED Green Building Rating System의 기준에는 흥미로운 것들이 많다. 땅을 고르는 것부터 수자원 효율화, 에너지와 대기 환경, 자재와 자원 같은 여러 가지 요건을 충족하는지, 에너지를 아껴 쓰는 설계는 물론, 건물이 주변 환경에 미칠 수 있는 영향, 에너지를 최대한 아껴 쓰기 위해 어떤 방식을 쓰고 있는지, 대중교통을 이용하는 게 편리한지도 검토 대상이다. 뿐만 아니라 주차 공간이나 빗물 관리 시스템까지. 실내 공기의 질은 물론 온열 쾌적감, 조명, 음향까지 포함되어 있다는 것은 매우 흥미롭다. 우리나라에도 이미 리드LEED 인증을 받은 건물들이 꽤 있다.

---

* 녹색건축물 인증 제도 : 국토교통부의 보도 자료(2013.6.27)를 보면, 건축법과 주택법으로 인증 기준이 중복되었던 친환경 주택 관련 제도가 '녹색건축 인증제'로 일원화되어 '통합 녹색건축 인증제 G-SEED Green Standard for Energy and Environmental Design'로 바뀌었다는 걸 알 수 있다. 우리나라의 녹색건축 인증 제도는 미국의 리드LEED Leadership in Energy and Environmental Design와 영국의 브리암 BREEAM을 참고했다. 리드LEED는 미국 그린빌딩 위원회USGBC가, 브리암BREEAM은 영국의 친환경 건축물 인증 연구소BRE가 인증한다.

우리 집이 친환경 건축물로 어느 정도 요건을 충족하고 있는지 궁금해서 한국 리드연구소를 찾아가 알아보았다. 그런데 아직까지 소형주택은 녹색건축물 인증이나 리드LEED 인증을 받을 수 있는 대상이 아니었다. 우리나라에서 녹색건축물 인증을 받을 수 있는 건물은 총면적이 3,000㎡ 이상이어야 한다. 아쉽게도 지금까지는 대형 건물만 인증 대상이 되고 있지만, 소형주택도 소형주택에 맞는 기준이 생겨서 인증받을 수 있다면 친환경 건축이 더욱 일반화되기 쉬울 것이다. 녹색건축 인증이나 리드LEED 인증 제도나 친환경 건축물을 이야기할 때는 설계, 아니 집을 지을 땅을 고르는 일부터 시작이라고 한다. 설계를 시작하기 전부터 완공이 끝난 뒤 실내 환경까지 두루 살피는 이런 노력이 대형 건물에만 한정 짓지 말고, 소형주택, 공동주택에도 적용되는 날이 빨리 오기를 기대해 본다. 오랜 세월을 내다보았을 때, 결코 손해나지 않을 일이다.

ⓒ박찬우

두말할 것도 없이 새집증후군을 예방하려면, 집을 지을 때 친환경 자재를 골라 써야 한다. 많은 업체들이 자사 제품이 친환경 제품이라고 하지만, 친환경 등급을 꼼꼼히 따져 봐야 한다. 그 가운데 포름알데히드는 1급 발암물질이다. 새집증후군에 큰 영향을 미친다. MDF, 바닥재, 벽지, 페인트 같은 내부 마감을 할 때 쓰이는 자재에서 검출된다. 친환경 자재는 포름알데히드가 얼마나 나오느냐에 따라 등급을 나누는데, Zero, SE0, E0, E1, E2 등급으로 나누며, 우리나라에서는 E1 등급의 자재도 친환경 자재로 구분한다. 하지만 가능하면 실내에 쓰는 자재는 조금 더 까다롭게 고르기 바란다.

접착제는 건축 현장에서 쓰이지 않는 곳이 없을 정도로 많이 쓰인다. 벽지, 타일, 바닥재 같은 마감재를 붙이는 모든 과정에서 접착제를 쓴다. 벽지 대신 친환경 페인트로 마감을 하거나, 바닥재를 시공할 때 접착식 시공을 하지 않는 자재를 쓰는 것도 방법이다.

골조 공사가 끝나고 나면 바닥 몰탈 공사를 한다. 이때 대부분은 경량 기포 콘크리트로 몰탈 공사를 하는데, 시멘트 몰탈 대신 쓸 수 있는 친환경 자재들이 있다.

도전!
친환경 자재로 마감하기

## 벽지 대신 친환경 페인트

골조 공사가 끝나고 나면, 사진(p. 139)에서 보는 것과 같은 모습이 된다. 천장과 벽, 바닥을 어떤 자재로 마감할까 고민하게 될 것이다. 사실, 공사가 진행되고 나서 내부 자재를 고르는 것은 한발 늦은 일이다. 그 이전부터 고민하고 골라 두어야 건축 현장에서 혼선이 생기지 않는다. 또 건축 자재의 특성을 미리 파악하고 있어야 시방서에도 정확하게 작업 지시를 할 수 있다. 한 가지 예를 들면, 우리 집 바닥재를 방습마루로 선택했을 때, 현장에서는 이미 일반 강화마루나 원목마루를 기준으로 해서 8mm로 바닥 공사를 했기 때문에, 12mm인 방습마루를 쓸 수 없다고 했다.

내부를 친환경 자재를 쓰겠다고 마음먹고 보니, 거슬리는 것이 한두 가지가 아니었다. 벽지, 시트지, 본드, MDF, 실리콘, 하다못해 가장 친환경다울 것 같았던 나무마저도 친환경 소재가 아닐 수 있다는 것을 알게 되었다. 도대체 어디서부터, 어떻게 이 문제를 해결해 나가야 할지 난감했다. 그래서 일상생활에서 가장 밀접한 부분, 피부와 맞닿기 쉬운 벽과 바닥을 우선순위에 두고 천장까지 친환경 자재를 써 보기로 했다.

시방서를 살펴보니 벽은 벽지를, 바닥은 강화마루나 원목마루를 쓰도록 되어 있었다. 콘크리트 집에 벽지를 쓰는 것은 가장 흔한 방법이다.

"저는 벽지를 쓰지 않을 거예요. 페인트로 마감하겠습니다."

내가 이렇게 말했을 때, 현장에서는 의아한 표정으로 물었다.

"페인트요? 집 안을요? 왜요?"

밖은 모를까 집 안을 페인트로 하는 건 좀 이상하다는 것이다. 벽지를 바를 때 접착제를 쓰는데, 벽지에서 나오는 유해 성분도 거슬렸지만, 벽지를 바를 때 쓰는 접착제 성분을 믿을 수 없으니 나는 친환경 페인트로 마감을 하겠다고 했다. 그랬더니 비닐계 페인트로 견적을 다시 내왔다.

"유성 페인트도, 비닐계 페인트도 쓰지 않겠습니다."

"수성을 쓰시겠다고요? 집에요?"

현장에서 안 된다고 하는 까닭은 이랬다. 수성은 잘 지워진다, 잘 발라지지 않는다, 때가 잘 탄다, 집 안에 잘 쓰지 않는다, 다 맞는 말이다. 얼마 전까지만 해도 집 안에 페인트를 바르는 일은 흔하지 않았다. 페인트를 바르고 나면 냄새가 너무 심해서 며칠이 지나도 냄새가 없어지지 않았으니까 소장님의 걱정은 당연한 거다. 하지만 세상은 발전한다. 건축 자재도 발전한다.

일단 시멘트 냄새를 차단할 겸, 라돈 가스도 차단할 겸, 곰팡이가 생기는 것도 막아 볼 겸, 겸사겸사해서 울트라그립과 덤프록을 발라 보기로 했다. 울트라그립은 DIY 공방 하는 사람 사이에서는 젯소(하도제)로 많이 알려져 있다. 쇠나 플라스틱, 유리, 나무 같은 것에 페인트를 바를 때, 울트라그립을 하도제로 쓴다.

미장이 끝나고 난 뒤 핸디코트를 발랐다. 핸디코트를 두 번 바르는 1단계 과정을 마치면 2단계는 샌딩sanding. 사포로 갈아 내는 과정이 필요하다. 사포로 표면을 고르게 하지 않으면 마감 칠이 매끄럽게 되지 않는다. 샌딩이 끝나면 울트라그립을 바른다. 그다음 실리콘으로 벽과 천장 사이를 메운다. 울트라그립과 실리콘이 완전히 마르고 나면 페인트를 두 번 바른다.

이런 과정을 거쳐야 비로소 페인트칠을 할 수 있으니 페인트 시공의 인건비는 당연히 벽지보다 많이 올라갈 수밖에 없다. 그렇지만 페인트 마감은 벽지 마감보다 장점이 많다.

첫째, 처음 바른 뒤에 얼마든지 색을 바꿀 수 있다. 기초 작업을 잘해 놓으면 다시 페인트칠을 하고 싶을 때는 그 위에 롤러나 붓으로 쓱쓱 바르기만 하면 된다.

둘째, 접착제를 쓰지 않으니 유해 물질 걱정에서 자유롭다. 제대로 된 친환경 제품을 고르면 냄새가 나지 않을 뿐 아니라 새집증후군을 일으키는 유해 물질도 나오지 않는다. 게다가 벽 표면이 자연스러워 고급스러운 인테리어까지. 이쯤 되면 벽지 대신 페인트를 쓰는 이유가 충분하지 않은가.

골조 공사가 끝난 모습.

위 : 미장이 끝난 벽에 핸디코트를 바른다.
가운데 : 핸디코트를 두 번 바른 다음, 사포로 벽 표면을 갈아 낸다.
아래 : 표면을 고르게 손질한 벽에 울트라그림을 에어브러시로 뿌린다. 이 작업을 두 번 한다.

위 : 벽과 천장이 만나는 틈 사이는 친환경 실리콘으로 마감한다.
가운데 : 울트라그립과 실리콘이 완전히 마른 다음 친환경 페인트로 두 번 바른다.
아래 : 던 에드워드 무광 페인트와 던 에드워드 울트라그립

## 바닥은 자재보다 접착제가 더 큰 문제

바닥 자재를 고를 때도 살펴봐야 할 것들이 많다. 강마루, 강화마루, 온돌마루, 원목마루 이 가운데서 어떤 것으로 할지 여간 골머리 싸매는 일이 아니다. 자재만을 놓고 따져 본다면, 가장 친환경적인 자재라고 하면 원목마루일 것이다. 바닥재들은 대체로 MDF를 만드는 것처럼 잘게 자른 나무에 접착제를 섞어 압축한 뒤 필름을 입히거나, 또는 합판 형태로 얇게 켠 나무를 엇갈리게 놓고 압축하는 방법들이 쓰인다. 이 과정에서 접착제가 쓰인다.

접착제를 안 쓰기 위해 원목마루를 고르기도 하지만, 이 방법도 접착제로부터 안전하다고 하기 힘들다. 왜냐하면 시공 방법 때문이다. 마루를 깔 때 쓰이는 방법은 현가식 시공(바닥에 완충재를 깔고 그 위에 바닥재를 까는 시공 방법)과 접착식 시공(바닥에 접착제를 바른 다음 그 위에 바닥재를 붙이는 방법) 두 가지가 있다. 아쉽게도 접착제를 쓰지 않고 시공하는 현가식 시공 방법으로 바닥재 시공을 하는 것은 강화마루밖에는 없다. 이처럼 여러 가지 바닥재들은 각각의 장단점을 가지고 있다.

원목마루는 다른 마루보다 좋은 재질로 만들었으나, 문제는 접착제 시공을 한다. 우리는 바닥 난방 시스템이기 때문에, 바닥에 불을 땔 경우 화학 물질들이 고스란히 집 안으로 퍼진다. 그렇기 때문에 바닥에 불을 때지 않는 서양의 난방 시스템보다 바닥재를 고를 때 더욱 신중할 수밖에 없다.

제조사들은 자사 제품에 쓰이는 접착제는 친환경이라고 하는데, 정작 접착제를 만드는 회사나 성분은 알 수 없다. 냄새가 나지 않는다고 해서 포름알데히드가 나오지 않는 것은 아니다.

강화마루는 싸고 시공이 간편하다. 잘 찍히지도 않는다. 하지만 강화마루 위를 걸어 보면 알겠지만, 발바닥에 전해지는 느낌이 인간적이지 않다. 보행감이 나쁘다는 얘기. 그 밖에 온돌마루, 강마루는 바닥에 붙이는 접착식 시공이기 때문에 바닥 열이 잘 전달되지만, 불을 땠을 때 접착제와 열이 일으키는 화학 반응은…… 어떡하지?

이것도 저것도 싫고, 나무 느낌 그대로 살리고 싶어서 원목마루를 쓴다고 하자. 일단 어마어마하게 비싼 가격에 놀랄 준비를 해야 한다. 원목마루는 하자가 많이 나기 때문에 시공하는 쪽에서는 매우 꺼린다. 하자의 가장 큰 원인이 바로 나무가 수축하고 팽창하는 성질 때문이다. 처음에는 보행감이 좋아서 깔았으나 그것 때문에 나중에 재시공하거나 바꾸는 경우도 적지 않다. 원목마루는 난방을 하지 않는 바닥에 까는 것이 좋다는 의견도 만만치 않아 쉽게 결정하기 힘들었다.

따지면 따질수록 벽보다 심각한 것이 바닥 시공이었다. 난방 시스템 때문에! 시멘트 냄새를 방지하기 위해 골조 공사가 끝났을 때, 콘크리트 벽에 울트라그립을 바르고, 바닥에는 덤프록을 발랐다. 굳이 바르지 않아도 될 것들이었지만, 실내 환경을 조금 더 좋게 해 보려고 시도한 것이었다. 그런데, 접착제를 발라서 마루를 간다면 말짱 헛수고가 되는 것 아닌가. 이럴 줄 알았으면 시멘트 몰탈을 하지 않았을 것을, 원래 계획은 시멘트 몰탈 대신 황토 몰탈이나 석고 몰탈을 실험해 보려고 했는데, 망설이다가 시기를 놓쳐 버린 것이 못내 아쉬웠다. 하지만 때늦은 후회는 아무 소용이 없다. 최선은 놓쳤으나 최악을 파하기 위해 접착제 시공만은 하지 않기로 다짐, 또 다짐.

이건 이래서 걸리고 저건 저래서 걸릴 바에는 일반적으로 잘 쓰지 않는 자재를 써 보는 것은 어떨까 하는 생각이 들었다. 우리 집에 깐 방습마루는 원래 집 안에는 잘 쓰지 않는 자재다. 체육관이나 강당 같은 곳에서 주로 쓴다. 그렇지만 칼슘보드라는 재활용 소재라는 점이 눈길을 끌었다. 친환경 자재에 도전하는 김에 재활용 소재를 써 보기로 했다. 재활용 자재가 건축 현장에서 쓰인다면 자원을 아낄 수도 있고, 건축 폐자재를 다시 활용할 수 있기 때문에 여러모로 좋은 방법이라는 생각이 들었다. 가장 큰 장점은 수축하거나 팽창하지 않기 때문에 여름 장마는 물론, 겨울에 보일러를 틀어도 문제가 없다. 무엇보다 접착제를 쓰는 시공이 아니라서 한번 시도해 보기로 했다.

　　칼슘보드 역시 강화마루같이 필름을 입힌 것이라서 무늬가 자연스럽지 않은 것이 단점이긴 하다. 그러나 기능을 보자면, 습기에 강한 것은 살면서 도움이 많이 됐다. 가끔 화분 물이 넘친 것을 모르고 며칠 지나는 경우가 있었는데, 물에 불어나거나 이상이 생기지 않았다. 방습마루는 다른 바닥재보다 4mm 정도 두껍고, 공기층 구멍이 있다. 완충재 위에 바닥재를 깔기 때문에 보일러를 틀고 바닥이 데워지기까지 시간이 조금 더 걸리는 것은 단점일 수 있겠지만, 그 대신 온기가 오래 가서 난방비를 아낄 수 있는 장점도 있다.

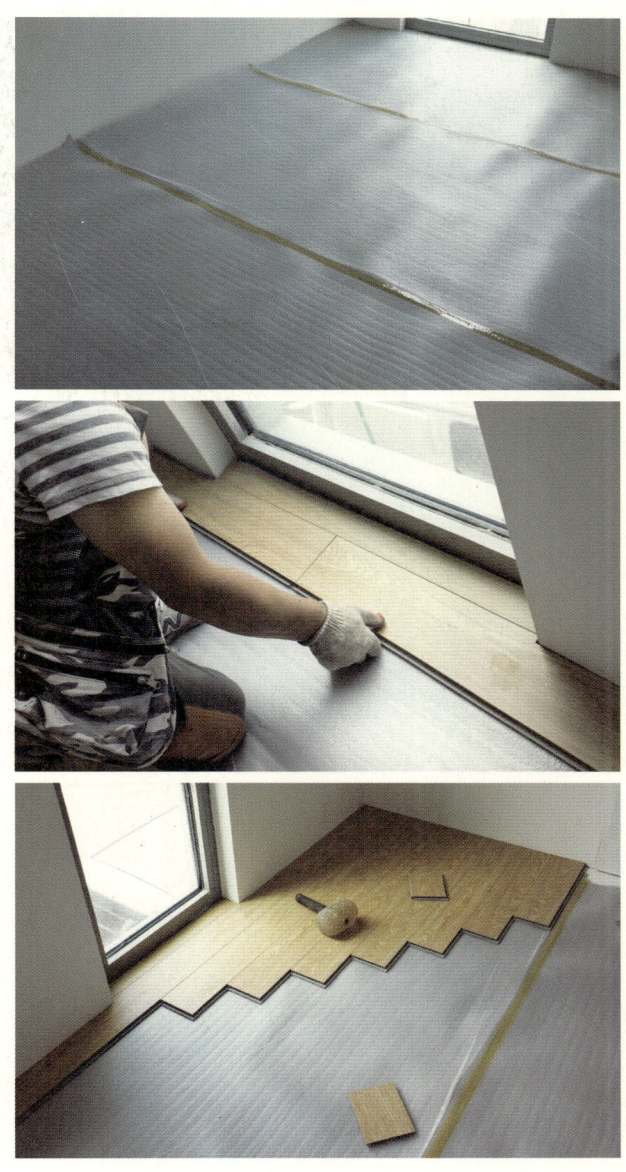

위 : 바닥재를 깔기 전에 완충재를 깐다. 완충재의 소재가 걸려서 깔지 않으려 했지만,
바닥이 고르지 않기 때문에 걸을 때 소리가 날 수 있다고 해서 할 수 없이 깔았다.
가운데 : KD우드테크 방습마루 현가식 시공.
아래 : 바닥재가 깔린 부분과 깔리지 않은 부분.

## 작업 성격에 따라 핸디코트 골라 쓰기

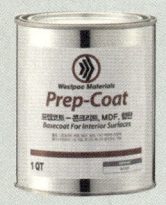

### 웨스트 팩 프렙코트

콘크리트로 된 벽, 합판, MDF 같은 벽면에 초벌제로 바른다. 페인트처럼 묽어서 롤러나 스프레이 작업 두 가지 모두 가능하다. 벽지를 뜯고 나서 그 위에 롤러로 바를 수 있다. 샌딩이 잘 되므로 지나치게 갈아 내지 않도록 주의하면 된다. 샌딩 할 때는 젖은 사포를 쓰거나, 스펀지를 쓰는 것이 좋다.

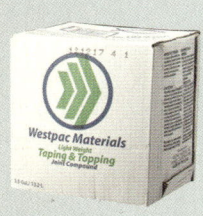

### 핸디코트 에코피니쉬-태핑앤토핑

벽면 마감에 고루고루 쓰인다. 곰팡이를 방지하는 기능이 있고, 그린가드 미국 인증을 받은 친환경 퍼티. 초벌이 완전히 마른 다음 재벌을 한다. 영상 10도 이상 되는 날 하루 정도 충분히 말린 뒤 재벌을 하는 것이 좋다. 못 자국이나 코너 비드(corner bead, 벽이나 기둥의 모서리를 보호하기 위해 미장 마감할 때 붙이는 보호용 철물)를 덮을 때 바른다. 물과 섞지 말고 반죽한 상태 그대로 쓸 것.

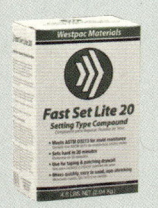

### 퍼스트셋 라이트 퍼티

마를 때까지 충분히 기다릴 수 없을 때 쓴다. 5분, 20분, 40분, 90분용이 있다. 건조 시간에 따라 선택할 수 있는데, 그 시간이 지나면 바로 굳기 때문에 작업 시간에 따라 필요한 것을 고르는 것이 중요.

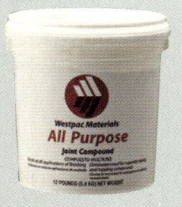

### 조인트 컴파운드

벽면 마감이나 보수할 부분을 메꿀 때, 또는 벽면을 장식하기 위해 질감을 주고 싶을 때 여러 가지로 쓰인다. 우리 집에서는 석고보드 사이를 메울 때 많이 쓰였다. 보수 공사를 할 때도 유용한 재료다.

시공,
원칙대로
깐깐하게

집의 뼈대를 세우는 일,
골조 공사

## 구불구불 곡선 목공사

우리 집의 가장 큰 특징이라고 하면 곡선을 빼놓을 수 없다. 나카에 유지가 내게 부탁했던 것은 특히 4층 곡선 부분이다.

"이 집에서 가장 중요한 부분입니다. 다른 곳은 몰라도 이 부분을 변형시키거나 다른 구조물을 설치하지 않으셨으면 합니다."

우리 집에서 가장 논란이 많았던 부분이기도 하다. 그래서 어떤 사람은 '못쓰게 생긴 집'이라 했고, 또 어떤 사람은 '잘못 지은 집'이라 했다. 공간 활용도가 떨어진다는 것이 가장 큰 이유였다. '활용도'라는 관점에서만 보면 맞는 말이다. 하지만 창작 활동을 하는 나에게는 무한한 상상력을 주는 것뿐만 아니라 조금 특별한 활용도가 필요했다. 다른 사람들의 기준에 맞출 필요가 없었다. 오히려 햇빛이 집 안 깊숙이 들어올 뿐만 아니라 둥근 유리 덕분에 바깥 풍경과 집 안이 묘하게 조화를 이루게 되었다. 도예가 김대웅 씨는 둥근 유리 앞에서 하늘을 올려다보며 이렇게 말했다.

"이 집은 하늘을 선택했군요!"

그랬다. 나는 활용도 대신 집 안에서 보는 하늘을 선택했고, 지금은 근사한 갤러리가 되었다. 하지만 도면이 현실이 되기까지 생각보다 훨씬 어려운 과정이 기다리고 있었다. 처음에는 외장재를 노출 콘크리트로 마감하는 것을 반대했지만, 노출 콘크리트가 이 디자인에 가장 어울린다는 결론을 낼 수밖에 없었다. 노출 콘크리트로 결론을 내렸지만 곡선이 워낙 심하게 구부러져 있어서 골조 공사를 하는 게 만만치 않았다. 이 일을 실수 없이 해내려면 난이도 높은 곡선 공사 경험을 많이 쌓은 목공 팀이 필요했다. 현장 경험이 풍부한 베테랑 목공 팀이 왔는데도 곡선 공사가 까다로워서 한 층 한 층 올라가는 것이 무척 더디기만 했다. 우리 집은 겨우 두 층 올라갔는데, 우리 집보다 뒤에 시작한 집들은 골조 공사가 끝날 정도였다.

　　"이 집은 맨날 뚜덕뚜덕 소리는 나는데

　　쳐다보면 그대로예요. 대체 언제 올라가요?"

　　지나가는 동네 사람들도 궁금해했다. 그렇게 천천히 한 층, 한 층 올라갔다. 때로는 아저씨들이 곡선 공사에 너무 애를 먹어서 내가 미안해지곤 했다. 내가 설계한 것도 아닌데…….

　　"곡선이 많아서 일이 많이 힘드시죠?"

　　그랬는데, 아저씨들 대답은 뜻밖이다.

　　"힘들지, 힘들다마다. 내가 평생 노가다 했거든. 그런데 이렇게 멋있는 집을 짓게 돼서 정말 보람이 있어요. 일은 무지 힘들지만 집은 이렇게 지어야지. 이 집은 정말 예술이야!" 하면서 엄지손가락을 추켜올린다. 하얗게 쉰 머리가 햇빛을 받아 반짝반짝 빛이 난다. 일생을 건축 현장에서 보낸 아저씨의 관록이 빛이 난다.

　　날이 밝기도 전에 공사 현장에 와서 일하는 노동자들. 건축 현장에서는 결코 없어서는 안 되는 소중한 사람들이다. 처음에는 아줌마가 사진기들고 다니면서 사진을 찍으니까 아저씨들이 볼 것도 없는데 뭘 찍을 것이 있냐고 묻곤 했다. 어떤 분들은 옷차림이 지저분하다고, 배우지 못해 이런 일 한다고 사진 찍히는 것을 쑥스러워하기도 했다. 그렇지만 배우지 못한 것은 아저씨들이 아니라 오히려 나일 것이다. 배움이 어찌 책으로만 되는 일이겠는가. 철근 용접일이나 콘크리트 치는 일들은 나뿐만 아니라 설계를 한 사람도 몸소 할 수 있는 일이 아니다. 내가 할 수 없는 일을 아저씨들이 대신 해 주는 것이기 때문에 무엇보다 아저씨의 경험이 필요하고 소중하다 말했다.

"나는 누가 내 직업이 뭐냐고 물으면 프리랜서라고 해."

옆에서 철근 묶는 작업을 하던 아저씨가 씩 웃었다.

"그럼요! 아저씨들이 전문직이에요.

건축에는 아저씨들이 전문가예요."

나는 엄지손가락을 세워 맞장구를 쳤다. 결코 빈말이 아니었다. 건축 현장에서 일하는 사람들 대부분이 50대 이상이다. 60대 이상도 아주 많다. 우리 집을 지을 때 일하러 왔던 사람들 가운데서 젊은 사람이 한두 사람 있었나? 힘들고 어려운 일을 하는 현장들이 다 그렇겠지만, 건축 현장에서도 평생 쌓아 놓은 경험과 기술을 물려받을 사람이 없다는 건 너무나 안타까운 일이다.

한동안 나는 소장님과 사이가 좋지 않았다. 소장님은 경험을 앞세웠고, 나는 원칙을 앞세웠다. 그러다 보니 소장님 하는 일이 마음에 들지 않을 때가 많아 자주 부딪혔다. 그러던 어느 날, 땀을 뻘뻘 흘리며 일하는 소장님을 보는데 전보다 흰머리가 더 늘어 있었다. 문득 나이 드신 분에게 내가 너무 까다롭게 구는구나 싶었다. 어떻게든 미안한 마음을 전하고 싶어서 용기를 냈다.

"소장님, 저 때문에 힘드시죠?"

그런데 소장님은 밝게 웃으며 아무렇지도 않게 말했다.

"아뇨. 원래 이 일이 그래요. 싸우면서 정드는 거예요."

세상을 산 만큼 그릇이 커지는 것이 세상 이치일 것이다. 옹졸한 내 마음이 소장님의 너그러운 한마디에 풀려 버렸다. 그 뒤로 소장님과 나는 급격히 친해져서 공사판 친구가 되었다. 물론 자주 티격태격했지만, 전혀 앙금이 남지 않았다.

우리 집에 찾아오는 많은 예비 건축주들은 나에게 묻는다. 그들은 이곳저곳 건축사 사무소를 찾아다니면서도 불안을 떨쳐 버리지 못한다. 부실 공사를 걱정하는 것이다. 이 회사에게 맡기면 정말 잘할까 묻고 또 묻는다. 나는 그때마다 현장을 얘기해 준다.

　　"설계를 하고 감리를 하는 것은 건축가가 하지만, 일하는 것은 현장 아저씨들입니다. 그분들 손에 집이 지어집니다."

　　현장에서 일하는 사람들이 한번 더 신경 쓰고, 한번 더 손을 대고 최선을 다할 수 있도록 격려하고 다독이는 것이 어찌 보면 부실 공사를 막을 수 있는 가장 확실한 방법이 아니겠느냐 말하곤 한다. 하루 품삯 때문에 하기 싫어도 억지로 하는 게 아니라, 최선을 다해서 일할 수 있도록 이들을 존중하고 대접하는 마음이 있다면, 그들은 기꺼이 땀 흘려 일할 것이다. 그것은 곧 건축가의 설계 이상의 결과물로 이어질 것이다. 그 때문에 집을 짓다 보면 내 주머니를 열어야 할 때가 자주 있다. 아깝다 생각하지 않기를.

　　"오늘 점심 저희가 쏩니다!"

　　함께 밥을 먹으며, 이야기를 나누는 그 자리에서 아저씨들은 다시 기운을 낸다. 수저를 뜨는 아저씨들의 투박한 손가락 마디마디에는 살아온 세월이 그대로 굳은살로 박혀 있다. 글만 쓰는 내 손과는 견줄 수 없는 아름다운 손이다. 대수롭지 않은 밥 한 그릇에 꾸벅 인사하시면 오히려 내가 민망해진다. 감사 인사를 드려야 할 사람은 내가 아닌가. 낡은 작업복 차림으로 현장으로 돌아가는 아저씨들 뒷모습이 나를 돌아보게 한다. 나는 저렇게 하루하루 땀 흘려 살고 있는지…….

3층에서 4층으로 이어지는 곡선 벽을 만들기 위해 목공사로 거푸집을 만들고 있다.

곡선 벽 바깥쪽

곡선 벽 안쪽

## 안 됩니다. 원칙대로 하세요

건축 현장에서는 변수가 많이 생긴다. 설계한 사람과 시공하는 사람이 다르다 보니 설계한 사람의 의도를 정확히 이해하지 못해서 생길 수도 있고, 설계와 현장 상황이 다른 경우도 빈번하다. 그럴 때마다 현장 소장의 경험이 중요하다.

우리 집 현장을 처음 맡았던 ㄱ 소장님. 붙박이처럼 현장을 떠나지 않고 현장을 지키고 있어서 아주 믿음직스러웠다. 그래서 남편이 자주 자리를 만들어 같이 밥을 먹으며 이런저런 이야기를 나눴다. 그런데 뜬금없이 "집을 짓다 보면 설계도대로 할 수 없다, 혹 그런 일이 생겨도 이해해 달라"는 말을 여러 번 했다. 그럴 때마다 남편은 "우리 집은 설계도대로 짓는다. 원칙대로 한다"고 했다. 하지만 나는 그런 소리를 들을 때마다 스트레스가 쌓였다. 이 설계도로 건축 허가 나는 게 얼마나 힘들었고, 또 공사를 시작하게 되기까지 얼마나 힘이 들었는데, 현장에서 변경해도 이해해 달라고?

그날도 우리 부부는 ㄱ 소장과 같이 밥을 먹었다. 그런데 밥 먹는 자리에서 소장님이 또 슬그머니 얘기를 꺼낸다.

"현장에서 일하다 보면 설계도대로 할 수 없을 때가 많아요. 그럴 때는 이해를 좀 해 주세요." 만약 그 자리에서 우리가 "알았어요" 하고 대답했다면, 나중에 감리를 받을 때 잘못된 것을 지적받게 되더라도 "건축주가 동의했는데 무슨 상관이냐?"고 오히려 현장에서 큰소리를 칠 수 있는 상황이 벌어질 것이다. 그걸 뻔히 알기 때문에 우리 부부는 아무 대답도 하지 않고 그냥 밥만 먹었다. 속으로는 '그건 당신 생각이고.'

밥 먹는 자리에서 얘기하면 우리가 순순히 응할 것으로 생각하고 얘기했는지는 모르겠으나, 그건 우리가 이해하고 넘어갈 문제가 아니다. 건축가의 설계가 완벽하다고 말할 수는 없겠지만, 설계에 의문이 있거나 문제가 있으면 설계한 사람과 의논을 해야 맞는 일이지, 건축주에게 설계도대로 시공하지 않을 수 있다니? 이건 또 무슨 경우람? 나는 바로 감리 팀에 이의를 제기했고, 앞으로 건축주가 이런 일로 스트레스를 받지 않게 해 줄 것, 반드시 설계도대로 시공해 줄 것을 요청했다. 감리 팀은 내 의견을 시공사에 전달했다. 시공사에서는 무척 불쾌했을 것이다. 시공사가 불편해할 것을 모르지 않지만, 그렇다고 속으로 끙끙 앓으면서 시공사를 불신할 수는 없었다.

바로 답변이 왔다.

"그것은 현장 소장의 개인 의견일 뿐 시공사는 설계도대로 성실히 시공할 것을 약속하겠다."

동시에 현장 소장은 교체되었다. 한편으로는 미안하고, 한편으로는 고마웠다.

한번은 이런 일도 있었다. 우리 집은 벽이 기둥 구실을 하는 벽식 구조다. 그리고 보가 아주 많이 들어가 있다. 앞서 설계와 감리에 대해 얘기했듯이 한 층 한 층 골조 공사가 끝날 때마다 감리자가 감리를 한다. 이날도 2층 슬래브 공사를 하고 나서 콘크리트 타설을 하기 전 윤 실장이 감리를 보다가 설계도에 있는 보가 빠진 것을 발견했다.

현장 분위기는 갑자기 어수선해졌다. 철끈을 엮는 아저씨는 일손을 멈춰야 하나 말아야 하나 눈치를 보고 있다. 여기저기서 아저씨들 이야기하는 소리가 들렸다.

"이걸 도로 다 뜯어야 되는 거야, 말아야 되는 거야?"

사실 내가 봐도 쉽지 않아 보였다. 보와 보 사이의 간격은 불과 3m가 채 되지 않았다. 내 걸음으로 두세 걸음 정도 되는 간격이었다. 소장님은 설계도를 제대로 보지 못한 것을 실수로 인정했다. 그러면서도 하시는 말씀은 "그래도 우리나라 건축물의 설계도에 비하면 지나치게 보가 많다, 내 평생 건축 경험상 굳이 필요해 보이지 않는다, 아무 문제없으니 이대로 진행해도 괜찮다, 건축주가 문제 삼지 않으면 넘어갈 수 있는 문제"라고 했다.

하지만 이건 건축주가 문제 삼지 않으면 넘어갈 수 있는 문제가 아니라는 판단이 들었다. 이 건물은 내가 설계한 것도 아니고, 나는 건축 전문가가 아니다! 나는 건축에 문외한이지만 분명한 한 가지, 나는 설계도대로 원칙대로 한다! 나는 나카에 유지의 의견을 묻기로 했다. 설계도에 있는 보가 실수로 빠졌고, 현장 소장의 의견은 큰 문제가 되지 않는다고 하는데, 어떻게 하면 좋겠느냐고. 나카에 유지의 생각은 나와 다르지 않았다.

"미안하지만, 모두 뜯고 설계도대로 다시 해 주세요."

현장 소장님 마음이 많이 상했겠지만, 이렇게 설계한 까닭이 반드시 있을 거라고 나는 믿었다. 이 때문에 공사는 며칠 지연됐다.

감리를 맡은 윤 실장은 재공사가 끝난 다음 다시 현장을 확인하고 그다음 공정으로 넘어가도록 했다. 이런 우여곡절 끝에 드러난 보는 특이한 모습이 되었다. 나중에 알고 보니 이 보들은 가로 방향의 보와 세로 방향의 보들이 서로 긴밀히 잡아 주는 구실을 하는 것이었다. 주차장 천장에 드러난 보들이 짜임새 있게 얽혀 있는 모습이 보기 좋았다. 골조가 드러난 주차장 천장을 보면서 이 집의 가치는 이렇게 차별화된 설계에 있는 거니까 이 집에 들어와 사는 사람도 눈으로 보고 확인할 수 있도록 가리지 말고 그대로 보여 주면 좋겠다는 생각이 들었다. 건축을 공부하는 학생들에게도 도움이 될 것이다. 나카에 유지에게 제안했다.

"우리 집 주차장 천장은 건축에 관심 있는 사람들이나, 특히 건축과 학생들에게는 공부가 되겠습니다. 다른 집처럼 보를 완전히 가리는 마감보다는 골조를 그대로 드러내면 어떨까요? 훨씬 멋질 것입니다."

나카에 유지는 내 제안을 좋아했고, 내 생각을 더 발전시킨 방법을 내놓았다. 보와 보 사이에 생긴 각각 다른 면들을 높이에 변화를 주어 마감하는 방법이었다. 그 방법이 내 마음에 쏙 들었다. 역시 건축가는 건축가다!

사실 보를 그대로 드러내는 것은 어지간히 자신이 있지 않으면 하기 힘들다. 왜냐하면 집을 짓고 나면 콘크리트 건물은 자잘한 금이 생긴다. 집이 자리를 잡는 과정에서 생기는 일인데, 대부분 구조적으로는 아무 문제가 없다. 보를 그대로 드러내는 것은 민낯을 드러내는 일과 비슷하다고 할까. 하지만 나카에와 나는 과감하게 주차장 천장을 그대로 드러내기로 결정했다. 나카에가 천장 높이를 다르게 마감하도록 한 덕분에 주차장 천장이 훨씬 생동감 있어 보인다. 우리 집에 견학 오는 건축과 교수와 학생들이 가장 먼저 살피는 곳이 바로 주차장 천장에 드러나 있는 보다.

위 : 감리자가 도면을 가지고 현장을 살피고 있다.
아래 : 실수로 빠진 보 때문에 공사가 중단된 현장. "이 보가 대체 어디로 갔단 말이고?"

위 : 많은 보 사이로 천장 마감재가 그대로 드러나 있다.
아래 : 천장 높이를 제각각 다르게 해서 리듬감을 주었다(던 에드워드 페인트 DEW 385).

새 나가는 열,
틈새를 막아라!

170

## 노출 콘크리트의 장단점

"노출 콘크리트로 하지 않겠습니다.

외장재는 다른 걸로 알아봐 주세요."

나는 노출 콘크리트 건물에 거부감이 많았다. 콘크리트 건물에 대한 선입견이 너무 강했다. 콘크리트가 주는 차가운 느낌도 적응이 안 됐다. 외벽을 무엇으로 할지 결정하기 위해서 온갖 소재를 다 알아봤지만, 문제는 완공된 뒤 세세한 선들이 전체 건물의 선과 어떻게 조화를 이룰지 걱정이었다. 우리 집 설계의 하이라이트인 곡선도 자연스럽게 살려야 하고, 나카에 유지가 심사숙고해서 건물 전체를 세심하게 나눠 놓은 선의 위치를 무너뜨리고 싶지 않았다. 건물 전체의 일관성을 유지하면서 직선 위치만 조금씩 변화를 준 파사드의 리듬을 깨고 싶지도 않았다. 이 생각 저 생각 하면 할수록 나카에 유지의 디자인은 아주 단순하면서도 많은 것을 담고 있었다. 선 몇 개로, 선과 면의 단순한 조합으로 이런 독특한 분위기를 내는 것은 역시 건축가의 안목이다. 때문에 일관성 있는 건물 전체의 분위기를 깨고 싶지 않았다. 그 느낌을 그대로 살릴 수 있는 외장재를 찾아다녔다. 가장 흔하게 쓰이는 벽돌로 마감을 했을 경우에는 낱장 하나하나가 자잘한 선이 되기 때문에 넓은 면과 간결한 선을 표현해야 하는 우리 집 외관과는 어울리지 않았다. 대리석은 벽돌보다는 면을 크게 처리할 수 있으나, 그것도 역시 이음새가 불필요한 선으로 나타나기 때문에 알맞지 않았다. 결국 나는 돌고 돌아 노출 콘크리트가 답이라는 결론을 내릴 수밖에 없었다.

"미안해요. 노출 콘크리트로 할게요.

아무래도 그게 가장 어울리겠어요."

"그렇죠? 잘 결정하셨어요. 그런데 설계는 다시 해야겠네요. 노출 콘크리트 안 한다고 하셔서 외단열로 설계를 했거든요. 내단열로 다시 다 바꿔야 해요."

설계를 다시 해야 하니 짜증이 날 만도 한데, 오히려 이 본부장의 표정이 밝아졌다. 설계를 변경하는 번거로움보다 노출 콘크리트로 결정한 것이 다행스러웠던 모양이다.

막상 노출 콘크리트로 결정하고 나니 나는 나대로 걱정이다. 왜냐하면 사실 노출 콘크리트 건물은 우리나라처럼 겨울 추위가 심한 곳에 알맞은 건축 방식이 아니다. 노출 콘크리트 건물로 유명한 안도 다다오의 건축물은 우리나라보다 훨씬 아래쪽에 있다. 우리나라처럼 기온차가 크지 않고, 겨울의 강추위가 없는 지역이다. 노출 콘크리트가 유행하면서 우리나라에 여기저기 노출 콘크리트 건물이 들어서긴 했는데, 겨울에 단열이 잘 안 되서 춥다는 얘기가 심심치 않게 들렸다. 그럴 수밖에 없는 것이 노출 콘크리트는 다른 건물과 달리 외장재를 골조 바깥쪽에 덧붙이는 방식이 아니라, 골조 안쪽에 단열재를 붙여야 한다. 단열재로 골조 밖을 마감하는 방식은 두꺼운 외투를 덧입는 것과 같아서 단열에 유리하지만, 노출 콘크리트처럼 골조가 곧 외장 마감인 경우는 내단열 설계를 해야 한다. 두꺼운 외투 대신 내복을 입는 격인데, 이게 그리 단순하게 설명하고 말 일이 아니다.

노출 콘크리트 건물은 단열을 꼼꼼하게 신경 쓰지 않았다가는 기온차가 클 경우 결로 현상이 생길 수도 있다. 더구나 콘크리트 건물의 냉복사*도 걱정이었다. 노출 콘크리트 건물로 마감하기로 했으니, 설계 팀에서 내단열 설계도 잘 알아서 하겠지만, 유독 추위를 못 견디는 나는 이만저만 걱정

* 냉복사 : 겨울이나 새벽, 바깥 기온이 낮을 때 콘크리트 벽을 타고 냉기가 안으로 전해지는 현상.

이 아니었다. 아무리 멋진 집이라 해도, 오들오들 떨면서 겨울을 나고 싶지는 않았다.

　　노출 콘크리트의 단점은 또 있다. 계속 외벽 관리를 해 줘야 한다. 방수 처리를 2년에 한 번 정도 해야 한다. 세월이 흘러 조금 빈티지한 느낌이 나는 것이 노출 콘크리트 건물의 멋이라지만, 방수 처리를 소홀히 하면 노출 콘크리트 표면색이 변해서 보기 흉해진다. 이런 단점이 있지만, 노출 콘크리트 건물의 장점은 뭐니 뭐니 해도 깔끔하고 세련된 디자인을 실현할 수 있다는 점이다. 콘크리트가 밖으로 드러난 것 때문에 간혹 웃지 못할 일도 있었다. 어떤 사람이 우리 집 앞을 지나면서 하는 말.

　　"무슨 집을 이렇게 짓다 말았대? 골조 공사만 하고 아무것도 안 붙였으니 돈도 별로 안 들었겠네."

　　우리 동네에서는 우리 집이 돈이 없어서 외장재도 못 붙이고 짓다 만 건물이라 하는 사람도 있단다.

　　헐! 짓다 말았다고? 노출 콘크리트 건물을 처음 본 모양인데, 돈이 별로 안 드는 것이 아니라 노출 콘크리트는 일반 건물보다 건축비가 더 들어간다. 어렵기도 더 어렵다. 아무튼 노출 콘크리트로 짓고 싶다면, 노출 콘크리트 건물의 장단점을 미리 알고 단점을 어떻게 보완할 것인지 미리 생각하지 않으면 안 된다.

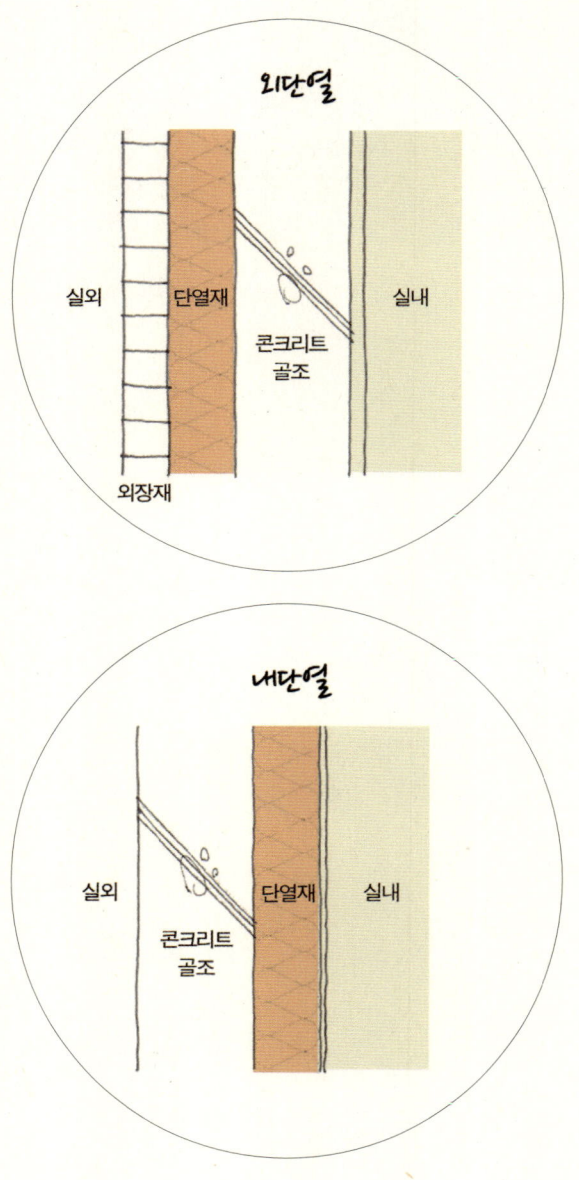

위 : 외단열은 골조 바깥쪽에 단열재를 붙이고 외장재로 마감한다. 단열에는 유리한 방법이다.
아래 : 내단열은 골조 안쪽에 단열재를 붙인다.
외장재가 따로 없기 때문에 구조상 단열에 불리할 수밖에 없다.

## 내단열로 설계 변경, 최선의 단열재는?

내단열 설계 도면이 나왔을 때, 나는 다시 한번 꼼꼼히 살폈다. 시방서에는 단열재로 아이소핑크를 쓰는 것으로 되어 있었다. 아이소핑크는 건축 현장에서 가장 흔하게 볼 수 있는 단열재다. 그런데 과연 그것이 최선의 방법일까 하는 의문이 들었다. 열 손실을 줄여 보겠노라고 건축비 압박에도 작심하고 창호 공사에 돈을 쏟아 부었는데, 단열 공사 제대로 안 하면 아무 소용이 없는 게 아닌가! 열 손실을 줄이는 것이 창호 하나 잘해 놓았다고 해결될 문제겠는가? 정말 이것이 최선일까?

"저도 알아보겠습니다.

단열재에 대해 다시 한번 알아봐 주세요."

나는 다시 설계 팀과 공사 팀에게 숙제를 던지고야 말았다. 그러고 나서 국내에서 생산되는 많은 단열재의 성능을 비교 검토해 보았다.

보통 알려진 대로 발포폴리스티렌 단열재(EPS, 스티로폼)보다는 압출법 단열재(아이소핑크)와 경질 우레탄이 열전도율이 낮다. 열전도율이 낮을수록 단열에 효과적이다. 경질 우레탄이나 스티로폼은 불이 났을 때 유독가스가 나온다는 단점 때문에 아이소핑크가 많이 쓰인다. 동네에서 집 짓고 있는 것을 보면, 흔히 건물에 분홍색 스티로폼을 붙이는 것을 볼 수 있는데 그것이 바로 아이소핑크다. 우리 집에도 아이소핑크가 들어간 부분이 있다. 이것은 내단열이기 때문에 열교* 현상을 막기 위해서다.

---

* 열교 : 구조상 어느 한 부분에 열전도율이 크고 다른 부분은 열전도율이 낮으면 결로가 생길 수 있는데, 이런 현상을 일컫는 말이다.

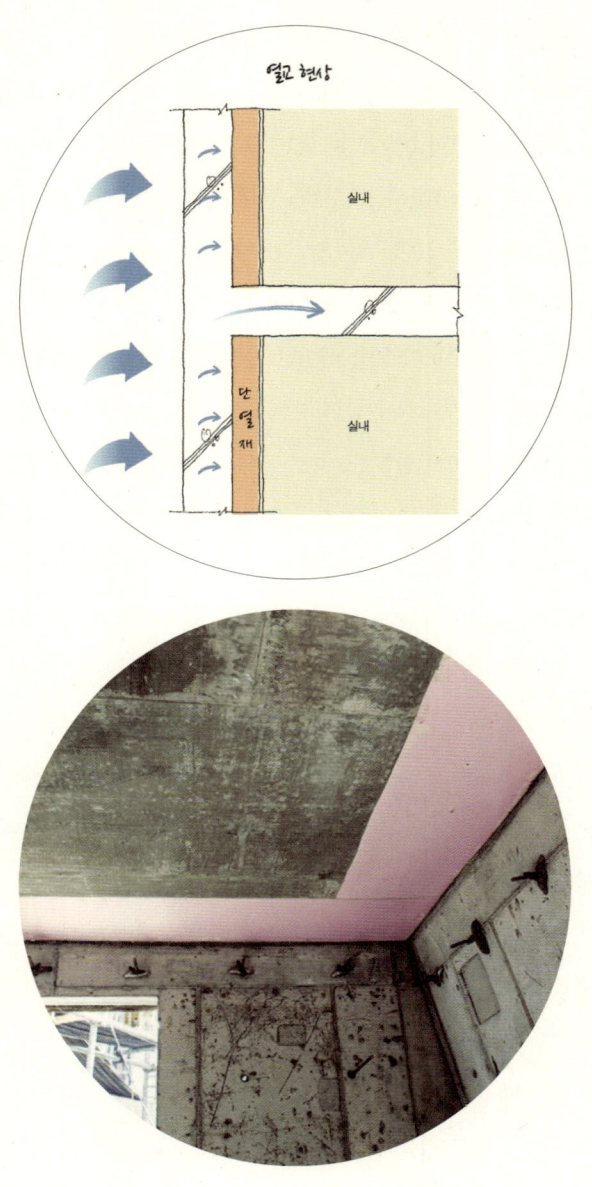

위 : 외벽에서 슬래브 골조로 냉기가 전해진다.
아래 : 냉기가 슬래브 골조를 타고 안으로 전해지는 것을 막기 위해 아이소핑크를 넓게 붙였다.

하지만 아이소핑크는 패널 형태이기 때문에 이음 부분에 틈새가 생긴다는 것이 문제다. 물론 테이프로 이음 부분을 막아 주지만, 현장에서 쓰는 테이프가 기밀테이프인지 확인하기도 힘들고, 결국 틈새가 생기면 냉기가 그곳으로 모일 것이라는 생각이 들었다. 밀도도 단열에 영향을 미치겠지만, 공기층을 두는 것이 더 효과적일 것이라는 생각에 기밀성도 보장되고 공기층도 어느 정도 가지고 있는 단열재를 찾았다.

공기층을 가진 단열재라면 PE 재질로 된 단열필름이 있기는 하다. 조금 더 단열에 투자하는 건물은 단열 효과를 높이기 위해 아이소핑크 위에 단열필름을 덧씌우는 곳도 있다. 이 방법도 나쁘지 않다. 옷 입기로 치면 얇은 옷을 여러 개 겹쳐 입는 레이어드? 그렇지만 PE 재질로 된 단열필름 역시 이음새 부분의 마감이 걱정됐다. 건축 현장에 가 보면 알겠지만, 일은 힘들고 바빠 죽겠는데, 단열재 이음새 부분을 꼼꼼하게, 빈틈없이 마감 처리해 줄 사람이 누가 있겠나. 기대할 수 없는 일이다. 건축 자재의 성능도 성능이지만, 얼마나 꼼꼼하게 시공했느냐에 따라 성능은 달라질 수밖에 없다.

아무튼 이런저런 고민 끝에 시공할 때 제대로 하지 못해서 하자가 생기는 것보다는 시공 방법이 어렵지 않은 자재를 골라서 시공할 때 하자를 줄이는 것이 낫겠다 생각했다. 안심할 수 있는 단열재를 찾아야 했다.

그러던 중 건축박람회에서 패시브 하우스에 주로 쓰이는 수성연질폼을 발견했다. 단열 효과도 단열 효과지만, 가장 안심이 됐던 부분은 내가 걱정했던 틈새를 빈틈없이 막아 준다는 점이다. 게다가 이 수성연질폼은 작업 시간이 그리 많이 걸리지 않는다. 뿌린 뒤 5초 정도 지나면 호빵처럼 부풀어 오른다. 부풀어 오르는 과정에서 자연스럽게 폼 안에 공기구멍도 만들어진다.

수성연질폼이 친환경 물질이라고 하니 우리 집에 시도해 보는 데 망설일 필요가 없었다. 단가는 아이소핑크보다 오히려 조금 싸고 작업도 어렵지 않으며 무엇보다 틈새를 막아 주는 데는 이만한 게 없다 싶었다. 그런데 시공사에서는 한 번도 수성연질폼을 써 본 적이 없다고 꺼렸다. 시공사 나름대로 과연 이걸 써도 문제가 없는지 여러 번 검토하고 회의도 했다. 결국 한 번도 안 써 본 자재지만, 시도해 보기로 했다. 도전하는 자, 발전하리!

수성연질폼 공사를 하기 전에 콘크리트 벽과 간격을 두고 석고보드를 친 뒤 석고보드에 3~4cm 정도 구멍을 뚫는다. 그리고 그 안에 폼을 쏘아 벽을 채운다. 금방 부풀기 때문에 다른 구멍으로 밀려 나오는 것을 볼 수 있다. 구멍 사이사이에 폼이 보이기는 하지만, 정말 벽에 꽉 찼을까 의문이 들었다.

"일하는데 죄송하지만, 이쪽 석고보드 철거해 주세요.

확인하게요."

"아이고, 그렇게 할 필요 없어요."

소장님이 나를 말린다. 석고보드 뜯어내면 못 쓰게 되고 또 새것 붙여서 공사해야 하니 귀찮은 일이라는 걸 모르지 않는다. 하지만 건축 현장에서 내가 뼈저리게 얻은 교훈 한 가지는 '눈으로 확인하지 않은 것은 아무도 모를 일'이라는 것이다.

"확인해서 나쁠 거 없죠. 저쪽 벽 하나 뜯어 보세요."

뜯어 보니 화이트폼이 아주 꽉꽉 들어차 있었다.

그것도 모자라서 나는 기다란 꼬챙이로 일일이 쑤셔 보면서 밀도를 확인했다. 틈이 생겨서 열이 새는 것이 싫어서 아이소핑크 대신 이 단열재를 선택했는데, 그 정도는 해야 직성이 풀린다.

미국에서 난방을 절약하는 방법으로 아이신Icynene이라는 충전재로 건물의 빈틈을 막는 시공을 하는 사례가 소개되었다. 아이신 클래식 발포단열재Icynene Classic spray foam insulation를 시공한 것이다.

우리나라에서도 패시브 하우스에 발포 단열재를 많이 쓰는데, 우리 집을 지으면서 내단열 재료로 시험해 본 것이 이 방식이다.

우리 집은 이웃들과 함께 두 번 겨울을 났다. 영하 5도, 10도 이상 떨어질 때 빈집에 들어가서 온도를 재 본 적이 있다. 201호 1층은 보일러를 켜지 않은 상태에서 14도, 2층은 17도까지 유지되고 있었다. 물론 201호, 202호는 남향이기 때문에 더 따뜻한 것이 당연하지만, 바깥 온도가 영하 10도 아래로 내려가는데도 보일러를 전혀 켜지 않은 상태에서 17도를 유지한다는 게 놀라웠다. 보일러를 틀지 않은 탓에 바닥은 차가웠지만, 집 안에는 전혀 냉기가 없었다. 집이 완공된 뒤 집 보러 오는 사람들도 그 점을 아주 신기해했다.

우리 집에 오는 사람들마다 "집이 아주 따뜻하네요" 한다. 그럴 때마다 내단열로 시공한 벽을 쿵쿵 쳐 보이며 "단열에 신경 좀 썼거든요" 하며 웃었다. 창가 쪽으로 가면 창문과 벽 틈 사이에서 냉기가 들어오는데, 우리 집은 틈 사이로 솔솔 새들어 오는 냉기가 없다. 아이소핑크 대신 빈틈없이 시공할 수 있는 수성연질폼을 선택한 것은 일단 무난하게 통과!

1. 바깥과 닿는 건물 벽은 모두 수성연질폼으로 시공했다.
2. 천장도 수성연질폼으로 꽉 채웠다.
3. 골조와 목공사 한 벽 사이에 수성연질폼이 들어 있는 것이 보인다.
4. 가벽 위에 구멍을 뚫고 있다.
5, 6. 구멍 사이로 수성연질폼을 채워 넣는다.

## 틈새는 기밀테이프로 막자

패널 형태의 단열재나 필름으로 된 단열재로 시공한다면, 틈새를 막을 때 기밀테이프를 활용해
보자. 뿐만 아니라 집에 있는 수많은 개구부를 만들 때도 기밀테이프를 적극 활용하자. 기밀테이
프를 쓸 수 있는 곳은 매우 많다. 창문이나 문의 틈새를 막기 위해 미리 접혀진 형태로 만든 밀착
테이프는 창호나 문의 틈새를 밀봉해 준다. 벽이나 천장 구조체, 지붕처럼 습기가 들어올 수 있는
곳에 쓸 수 있는 제품도 있고, 바깥의 냉기나 습기가 안으로 들어오지 못하도록 막아 주는 다양
한 기능의 기밀테이프가 있다.

© 시카구치 하르야스

내 발자국 소리가
들려요?

## 층간 소음, 벽간 소음 줄이려면

얼마 전에 층간 소음 기준이 좀 더 강화되었다는 소식이 있었다. 사실 우리 집은 층간 소음은 그리 신경 쓸 필요가 없었다. 우리 집에는 복층 집이 다섯, 단층집이 두 집 있는데, 2층과 3층을 한 집이 쓰는 복층 구조이기 때문이다. 단층집인 205호(2층), 그 위 301호(3층)를 빼고는 문제 될 곳이 없어 보였다. 그렇지만 '4층에는 우리 식구가 살 텐데, 혹시 발자국 소리라도 들리면 어쩌지?' 하는 오지랖이 발동하고 말았다.

층간 소음은 경량충격음(경량소음)과 중량충격음(중량소음)으로 구분 하는데, 경량충격음은 가구 끄는 소리, 마늘 찧는 소리처럼, 작은 물건이 떨어지거나 긁히는 소리로 잔향(소리가 울리다가 그친 뒤에도 남아서 들리는 소리)이 없다. 그런데 아이들이 뛰어다니는 소리나 어른들 발자국 소리 같은 중량충격음은 잔향이 남아 사람들 신경을 건드린다. 처음에는 바닥 두께를 조금 더 두껍게 하면 층간 소음을 줄일 수 있을 것이라고 생각했다. 나중에 안 일이지만, 그것은 참 무식한 생각이었다. 우리 집 같은 벽식 구조*로 지은 집은 라멘 구조*와 비교했을 때 상대적으로 층간 소음이 덜하다. 그러나 층간 소음은 바닥으로만 전달되는 것이 아니다. 아파트 같은 벽식 구조 건물은 위층에서 들리는 소리가 벽을 타고 내려온다. 바닥에 층간 소음 방지재를 깐다 해도 벽을 타고 전달되는 소리까지 막을 수 있는 것은 아니라는 말이다. 그렇기 때문에 단순하게 바닥 콘크리트 두께를 두껍게 한다거나, 층간 소음 방지재를 까는 방법은 층간 소음을 어느 정도 줄일 수는 있지만, 완벽하게 해결할 수 있는 것이 아니었다. 층간 소음을 예방하려면 좀 더 근본적인 원인, 소리의 특성과 전달 체계를 정확하게 알아서 그에 맞게 대처해야 했다. 거기까지 생각이 미치자 머리가 지끈거렸다.

* 벽식 구조 : 거푸집 속에 철근을 조립한 뒤, 콘크리트를 부어 일체식으로 구성한다.
* 라멘 구조 : 기둥과 보, 바닥으로 구성되며, 흔히 '기둥식 구조'라고 한다.

일단, 우리 집은 어떻게 되어 있나 시방서를 살폈다. 설계도에는 EPS(발포폴리스틸렌)라고 하는 스티로폼을 골조 공사가 끝난 바닥에 까는 것으로 되어 있었다. 겨우 스티로폼으로? 내 눈에는 부실해 보였다. 뭔가를 깔아서 소리를 차단시키는 것보다 공기층을 두는 것이 훨씬 효과가 있을 거라 생각했다. 하지만 시공사는 공기층을 두면 소리는 차단하는 데는 효과가 있을지 모르지만, 바닥이 고르지 않아 삐걱거리는 소리가 날 수 있고, 그것 때문에 오히려 보행감이 나빠질 수 있다고 했다. 충분히 일리 있는 말이다. 서로 생각이 달랐지만 마침내 2, 3층을 복층 구조로 쓰기 때문에 층간 소음이 크게 문제되지 않을 것이라는 결론을 내렸다. 그 대신 301호 바닥과 4층 바닥은 아래 세대들을 위해 층간 소음 방지재를 깔아서 보완하기로 했다. 처음 시방서에 계획된 대로 스티로폼 대신 두 배 비싸지만 발포고무 소재로 만든 것으로 하기로 했다.

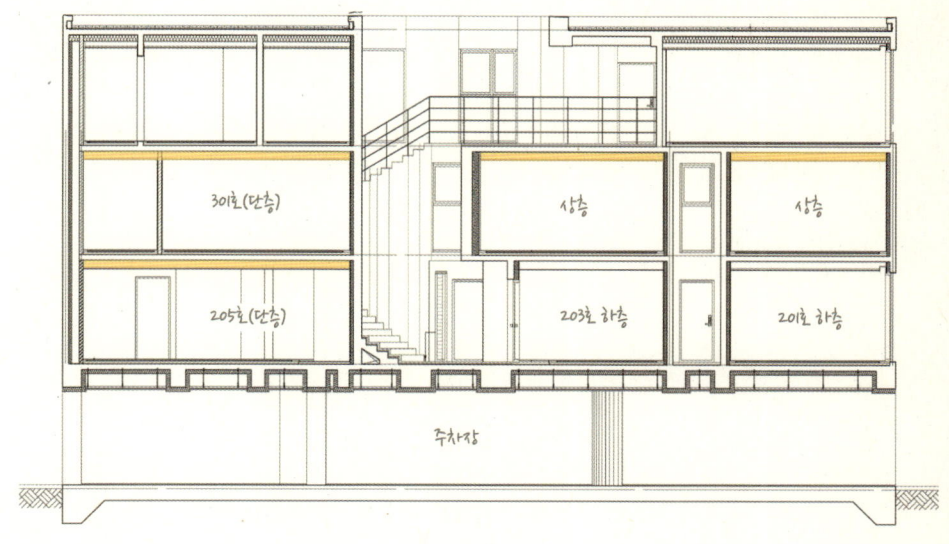

다섯 채의 복층, 두 채의 단층 구조로 구성된 창조공간.
콘크리트와 석고보드 사이에 수성연질폼을 채워 방음 효과를 높였다.
색으로 표시된 부분이 층간 소음재를 시공한 부분.

## 층간 소음 방지재를 까는 방법

아래 그림에서 보는 것처럼 골조 공사가 끝나고 나서 층간 소음재를 깐 뒤 경량기포 콘크리트를 친다. 그 위에 보일러 선을 깔고 미장으로 마감한 다음 바닥 마감재를 깐다. 여기에 쓰이는 층간 소음재는 EPS(발포폴리스틸렌) 재질, 흔히 보는 스티로폼으로 만든 것과 EVA(발포고무판)로 만든 것이 있다.

아래 그림처럼 발포고무는 공기층이 생기는 것을 확인할 수 있다. 따라서 굴곡이 없는 스티로폼보다 굴곡이 있는 발포합성고무 재질이 더 효과가 있을 것이다. 그런데 여기서 결코 간과해서는 안 될 부분이 있다. 바로 벽체로 전달되는 소음을 막기 위해 그림에서 보는 것처럼 벽에도 완충재를 붙여야 효과를 얻을 수 있다.

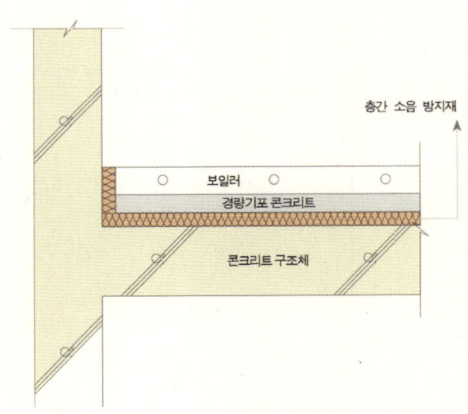

위 : 일반 스티로폼은 굴곡이 없다.
발포고무 재질 층간 소음재는 굴곡이 생겨 자연스럽게 공기층이 만들어진다.
아래 : 바닥 골조 위에 층간 소음재를 깐다.
이때 유의할 것은 바닥에서 벽 위로 조금 더 올라가도록 한다.

뿐만 아니라 완충재의 이음 부분에 틈이 생기지 않도록 밀착해서 시공해야 한다. 층간 소음 방지재 위에 기포 콘크리트를 칠 때, 이음 부분 사이로 콘크리트가 들어가지 않게 신경 써야 한다. 다시 말해서 층간 소음 방지재를 간다 하더라도 온전하게 효과를 얻으려면 굴곡이 있는 공기층에 다른 물질이 들어가서 공기층을 막아 버리면 안 된다는 말이다.

시방서에는 분명히 바닥을 깨끗이 한 다음 가교 현상이 일어날 수 있는 부분을 제거하고 시공하라고 되어 있으나, 이렇게까지 꼼꼼하게 시공해 주는 곳이 과연 얼마나 될까? 결국 층간 소음 방지재를 깔 때 현장에서 꼼꼼하게 시공하지 않으면 효과는 그만큼 줄어든다. 층간 소음 방지재를 고를 때는 중량충격음과 경량충격음에 모두 1급 인정을 받은 제품인지 꼼꼼하게 살핀 뒤 고르는 것이 좋을 것이다. 그 밖에 공기층을 두거나 천장을 이중으로 하는 방법도 있다.

### 공기층을 두는 방법

건축에서 공기층을 두는 것은 여러 가지 장점이 있다. 공기층을 두면 앞서 단열에서 설명했듯이 단열에도 효과가 있지만, 방음에도 효과가 있다. 뜬바닥 구조를 하게 되면 콘크리트 슬래브와 마루 마감재 사이에 공기층이 만들어지고, 공기층은 소리가 전달되는 것을 어느 정도 막아 준다.

### 천장을 이중으로 하는 방법

천장을 이중으로 하는 방법도 있다. 이중 천장 속에 공기층을 둔 다음, 글라스울glass wool, 락울rock wool 같은 흡음재를 바닥 슬래브와 천장 사이에 충전하는 방법이다.

한번은 이런 일이 있었다. 층간 소음 방지재를 까는 공사를 하기 전에 층간 소음 방지재를 쌓아 두었는데, 자재 관리가 소홀한 탓에 현장에서 일하는 사람들이 자재를 쌓아 놓을 때 깔개로 쓰거나, 마구 밟고 다녀서 발포 고무 스펀지로 만든 자재가 엉망진창이 된 적이 있었다. 나는 참지 못하고 항의했다.

　　"층간 소음 방지재는 굴곡과 기포가 생명인데, 이렇게 밟고 다니면 이게 어떻게 제 기능을 하겠어요? 스펀지 사이사이에 난 구멍으로 시멘트 가루가 잔뜩 들어가면 공기구멍이 쓸모없어지잖아요!"

　　현장에서는 "밟아도 스펀지기 때문에 곧 원상 복귀되니까 괜찮다, 기능에는 문제가 없다"고 하고, 나는 "아니다, 자재 특성상 문제가 없을 수 없다"고 반박했다. 의견이 팽팽하게 맞섰다. 결국 이 문제는 감리 팀이 건축주가 자재 관리를 좀 더 철저하게 할 것을 요구하는 것은 당연한 일이고, 발포고무의 미세한 공기층이 이물질로 막혀서 손상되는 것은 결국 제 기능을 하지 못하는 것이 맞다고 판단해서 훼손된 층간 소음 방지재는 모두 폐기하기로 했다.

　　사실 이런 경우는 자재를 하나하나 비닐 포장해서 보관했다가 시공할 때 비닐을 벗겨 내고 시공하는 것이 가장 현명한 방법이다. 물론 이렇게 하려면 그만큼 더 신경을 써야 하고 손도 더 가니까 분명히 번거롭다. 하지만 비싼 자재가 제 기능을 하려면 자재 관리도 그만큼 꼼꼼하게 해야 한다. 하지만 건축 현장에서는 조금만 한눈을 팔고 있으면 엉뚱한 일이 벌어지기도 한다. 이런 일이 일어나기 때문에 공정마다 살피는 감리가 꼭 필요하다.

## 흡음과 차음

충간 소음 방지재는 어느 정도 소음을 방지할 수는 있으나, 완벽한 방법은 아니다. 소리를 차단하는 것, 흔히 말하는 방음 효과를 높이는 것은 조금 더 복잡하다. 방음은 흡음*과 차음* 이 두 가지를 모두 충족시켜야 한다. 한동안 무수한 건축 자료를 뒤져 보았으나, 한결같이 충간 소음을 100% 완벽하게 막을 수 있는 방법이 없다고 했다. 하다못해 충간 소음 방지재를 만드는 회사들조차 벽으로 타고 내려오는 소음은 막을 수 있는 방법이 없다고 했다. 하지만 납득이 되지 않았다. 얼마나 기술이 발달했는데, 방법이 없을까? 그래서 음향 전문가에게 물어보았더니 대단히 흥미로운 이야기를 해 주었다.

"헬름홀츠라는 사람이 있어요. 이 사람은 음향학자이면서 수학자인데, 음의 근원부터 연구한 학자예요."

이렇게 시작한 그의 설명은 흥미진진했다.

"사람들은 수학으로 이 문제를 해결하려고 하는데, 소리는 수학으로만 풀 수 있는 문제가 아니에요. 한번 생겨난 소리는 없어지지 않아요. 소리 에너지를 열에너지로 바꿔 줘야 해요. 옛날에 건축하는 사람들은 수치로만 접근하지 않고, 일일이 귀로 듣고 확인했어요."

요점은 "콘크리트 벽이 얇으면 소리를 차단하는 것이 아니라 오히려 스피커 역할을 해서 좋지 않다. 기포가 있는 물질에 소리가 전달되면, 중·고음은 흡수된다. 하지만 소리가 완전히 사라지는 건 아니다. 소리 에너지를 열에너지로 전환시켜야 한다. 음향실에서 아무리 시끄러운 악기로 연주해도 밖에서 소리가 들리지 않는 것은 완벽하게 차단을 하기 때문"이라고 했다.

---

* 흡음 : 소리를 흡수해서 반사음을 적게 하는 것. 소리 에너지를 열에너지로 바꾸어 흡수하는 현상.
* 차음 : 소리나 진동 다시 말해 공기로 전달되는 소리를 차단하는 것.

흡음은 말 그대로 소리를 흡수하는 것이다. 소리는 한번 생기면 없어지지 않고, 공기의 진동을 통해서 전달된다. 콘크리트는 공기의 진동이 잘 전달되지 않기 때문에 소리를 차단시키는 효과, 차음 효과가 있다. 하지만 소리의 반사는 커진다. 그런가 하면, 단열재는 기포를 가지고 있기 때문에 중·고음을 흡수하는 흡음 효과가 있다. 그렇기 때문에 방음 효과를 얻으려면 차음 효과와 흡음 효과를 모두 생각해야 한다.

유럽에 갔을 때 100년이나 또 그 이상 된 집에서 지냈을 때, 콘크리트 벽 두께가 무척 두꺼워서 놀랐던 기억이 났다. 그가 제시한 해법은 다음과 같았다. 우리 집을 음향실처럼 공사를 할 수는 없겠지만, 음향실 원리를 적용해 보라고 했다. 콘크리트 벽 양쪽에 공간을 두고 목공사로 가벽을 만든 뒤, 벽에 일정한 간격으로 구멍을 뚫고, 콘크리트 벽과 가벽의 빈 공간에 단열재를 충전해 보라고 했다. 방음에도 효과가 있을 뿐만 아니라 단열에도 효과가 있을 거란다. 그런데 듣다 보니 이미 우리 집에서 시도한 방법이었다. 단열 공사를 할 때 이런 방법으로 가벽을 만든 뒤 수성연질폼을 안쪽에 충전했다. 수성연질폼은 단열재뿐만 아니라 흡음재 역할도 한 것이다. 흔히 계란판을 벽에 붙였더니 방음 효과가 있더라는 이야기는 바로 움푹움푹 들어간 구멍이 소리 에너지를 약하게 만드는 원리 때문이다.

"아! 우리 집 단열 공사를 바로 그렇게 했어요. 단열재를 아이소핑크 말고 다른 걸 써 보려고 그렇게 했죠."

뭘 알고 한 건 아니었지만, 이런 걸 뒷걸음치다 쥐 잡은 격이라고 하나? 그래도 완벽하다고 말할 수는 없다. 건물이 외부와 닿는 모든 면에는 단열 공사를 했지만, 세대와 세대가 나뉘는 벽은 하지 못했기 때문이다. 가

꿈 늦은 밤에 계단을 오르내리는 소리가 들리기도 한다. 크게 거슬리는 정도가 아니라서 이 정도면 나쁘지 않다 생각한다. 그래도 만약 내가 한번 더 콘크리트 집을 짓게 된다면, 벽을 조금 더 두껍게 할 것이다. 결국 방법이 없는 것이 아니라 완벽한 방음을 하려면 공사비가 많이 드는 것이 걸림돌이었다.

수성연질폼으로 단열 공사를 하기 위해 공간을 띄워 목공사로 가벽을 만들고 있다.

## 값싸고 훌륭한 층간 소음 예방법

이사하자마자 내가 가장 먼저 식구들에게 내민 건 실내용 슬리퍼.

"오늘부터 모두 이거 신어."

"방음 공사 잘했다며?"

"귀찮게 이걸 신어?"

"내 소리는 안 들릴 거야."

남편도, 두 아들도 순순히 슬리퍼를 신겠다고 하지 않았다. 물론 우리 집은 층간 소음 방지재를 깔았다. 마루도 일부러 공기구멍이 있어서 차음 효과가 있는 것을 골랐다. 그래도 예방해서 나쁠 것 없지 않나?

"우리가 밑에 집에 산다고 생각해 봐. 세입자들이 집주인한테 살살 걸어라 마라 할 수 있겠어? 잔소리 말고 오늘부터는 슬리퍼 신고 다녀."

그리고 아이들에게 내린 엄명!

"저녁에는 음악 크게 틀지 마!"

그날 이후 아들은 늦은 시간에는 헤드폰을 끼고 피아노를 치거나 음악을 듣는다. 그러고 보면, 층간 소음 문제를 해결하는 데는 몇백, 몇천만 원 들여서 공사하는 것보다 생활 습관을 고치는 것이 어찌 보면 더 쉽고, 더 효과적이라고 할 수 있다. 공동주택을 짓는 사람들이라면 층간 소음을 방지하도록 더욱 신경 써야 하는 것은 당연하다. 하지만 이미 지어진 건물이라든지 어쩔 수 없는 상황이라면 슬리퍼나 헤드폰이 가격에 비해서 얼마나 효과적인 방법인가! 결국 공동주택에 사는 동안에는 더불어 살면서 배려하는 습관이 필요하다.

지금 우리 식구들은 집 안에서 슬리퍼 신는 것에 익숙해졌다. 언젠가는 딱딱한 음식을 망치로 깨느라고 심하게 쿵쿵거리는 소리를 여러 차례 내고 말았다. 그것도 늦은 시간에. 너무 미안해서 아랫집 이웃에게 문자를 보냈다.

"아까 쿵쿵 소리 났죠? 뭘 좀 까느라 그랬는데 죄송합니다."

"아, 저희 밖에 나왔어요. 신경 안 쓰셔도 됩니다."

다행이다. 그럴 때는 어쩔 수 없다 하더라도 발자국 소리는 들리게 하고 싶지 않다. 나름 고민하고 대책을 세웠는데, 그래도 간혹 나는 아랫집에 물어보고 싶어진다.

"내 발자국 소리가 들려요?"

ⓒ 사가구치 히로야스

그대,
창문을 열어다오

# 디자인도 살리고 단열에도 효과적인 창은 없을까?

창은 그 집의 눈이다. 창문의 위치와 생김새에 따라 건물의 인상이 달라진다. 큰 창은 바깥을 한눈에 내다볼 수 있어서 시원하지만 다른 건물이 앞을 막고 있다면 커다란 창을 내는 것은 의미가 없다. 뿐만 아니라 창이 크면 에너지 손실이 많다. 그렇다고 창을 작게 내면 겨울에는 에너지 손실이 적겠지만 아무래도 답답하다. 그렇기 때문에 창을 작게 할 것이냐, 크게 할 것이냐, 또 어느 쪽에 넣을 것이냐 하는 문제는 개구부의 위치와 크기를 고르는 문제와 함께 건축가와 건축주가 신중하게 잘 의논해서 결론을 내려야 한다. 게다가 창호 공사비가 전체 건축비에서 차지하는 비중이 큰 만큼, 창의 개수와 크기 그리고 기능, 재료 들을 꼼꼼히 따져 봐야 한다.

우리 식구들은 밝은 집을 원했기 때문에 창을 많이 내기로 했다. 우리 집 창은 여느 집과는 달리 바닥부터 천장까지 이어진 세로로 긴 창이다. 우리 집이 갤러리나 사무실로 오해받는 데는 이 창문의 생김새도 한몫했을 것이다. 열리지 않는 고정된 창과 열리는 창이 적당히 섞여 있다. 초기 시방서에는 알루미늄 프로젝트창으로 시공하도록 되어 있었다. 프로젝트창은 안에서 밖으로 밀어서 여는 구조이기 때문에 이중창을 할 수 없다. 이 때문에 단열에 약할 수밖에 없을 거라는 생각이 들었다. 왜 창틀을 알루미늄으로 하려는지 물었더니, PVC 창은 프레임이 두꺼워서 세련되고 깔끔한 디자인을 할 수 없다고 했다. 더구나 우리 집처럼 가로 폭이 좁고 세로로 긴 창은 프레임이 두꺼워지면 건물 외관을 설계 의도대로 만들 수 없다는 거다. 우리 집 입면을 보면, 노출 콘크리트 면이 일정한 비율로 들어갔다 나왔다 하는 걸 볼 수 있다. 건물 전체로 보면 한 층 올라갈 때마다 12mm씩 앞으로 튀어나온다. 면이 튀어나오기 때문에 창틀 위에 인방*을 만들지 않아도 빗물이 안으로 들어가지 않는다. 이 부분은 우리 집을 구경하러 오는 건축가들만이 눈치채는 부분이다. 또한 요철처럼 튀어나오고 들어간 부분은 해의 각도에 따라 그림자가 달라져 입면의 변화를 느낄 수 있다. 따라서 창문 역시 하나의 면으로 자연스럽게 입면에 스며들어야 하는데, 프레임이 두껍거나 튀는 색이면 창틀이 도드라져 전체의 조화가 깨진다는 얘기다. 그래서 나카에 유지는 PVC 창으로 하지 않았으면 좋겠다는 의견을 전달해 왔다.

일단, 건축가의 의도는 확실히 파악을 했다. 조금씩 크기가 다른 면과 면이 이어지면서 만들어 낸 건물의 입면은 간결하면서도 아름답다. 나는 건축가의 설계 의도를 훼손하지 않으면서 디자인도 살리고 단열에도 문제가 없는 두 마리 토끼를 잡는 방법을 찾아야 했다. 설계 팀은 건축비를 아끼기 위해 프로젝트창을 권했겠지만, 창문이 많은 우리 집의 디자인 특성을 살리려면 건축비를 조금 더 부담하더라도 일반 유리나 흔히 쓰는 창호를 쓸 수는 없었다.

우리나라에서 가장 많이 쓰이는 창호는 PVC 슬라이딩 이중창이다. 거의 대부분 집은 브랜드만 다를 뿐 이거라고 보면 된다. 그러나 우리 집 창호는 미닫이창을 할 수 없는 디자인이다.

나는 유독 추위에 약하다. 겨울만 되면 뼈가 시리는 추위 때문에 바깥에 잘 나가지 않을 정도다. 만약 설계도대로 프로젝트창으로 했는데, 나처럼 추위에 약한 사람이 우리 집을 분양받으면 어떡하나? 설계 팀과 시공사는 우리 집에 쓰이는 프로젝트창이 결코 싸구려 창이 아니고, 난방에 아주 취약한 것이 아니라고 여러 번 설명했지만 내키지 않았다. 찬바람이 창문 사이로 술술? 안 돼!

---

* 인방 : 기둥과 기둥을 가로로 대서 창틀 벽을 받치는 구실을 하는 것. 건물을 보면 흔히 창문 위를 가로질러 놓은 것을 볼 수 있는데, 인방이 창틀보다 앞으로 튀어나와서 자연스럽게 빗물받이 기능도 한다. 인방을 현장에서는 눈썹이라고 한다. 건물을 사람으로 치자면 창문이 눈이고, 눈썹은 땀이 들어가지 못하도록 막아 주는 구실을 하니까 눈썹이라는 말은 참 잘 붙인 말이다.

불안한 마음에 알루미늄창과 PVC창의 장단점과 단열 구조, 창틀 프레임을 구성하는 프로파일과 유리를 조사했다. 창문 프레임의 소재가 알루미늄이냐 PVC냐, 또는 원목이냐 하는 소재뿐만 아니라 프레임의 하드웨어, 다시 말해 단열을 위해 어떤 기술을 쓰는지, 구성 제품은 어떤 것을 쓰는지를 파악해야 했다. 엔지니어가 아닌 내가 기술면에서 여러 회사의 차이점을 100% 정확하게 이해했다고 하는 것은 무리다. 하지만 일목요연하게 정리를 할 수는 있었다.

보일러실에 에어컨 실외기를 함께 놓아서 집 바깥벽에는 지저분한 에어컨 선이 없다.

## 유리, 프레임, 구성 제품까지 꼼꼼하게

PVC창은 알루미늄창보다는 단열성이 좋다. 알루미늄창은 단열에 약한 점을 보완하기 위해 단열간봉을 쓴다. 유리와 유리 사이에 들어가는 부품이다. 유리와 유리 사이에 아르곤가스를 넣을 때, 아르곤가스가 빠져나오지 못하게 하는 구실도 하고, 프레임에 끼웠을 때, 유리와 프레임 사이의 냉기를 차단하는 구실도 한다. 유리의 냉기가 집 안으로 들어오는 것을 막아 주는 기능을 하는 것이다. 우리나라에 알려진 단열간봉의 기술은 크게 두 가지 방식으로 나뉘어 있었다. 창호를 고르는 일은 창틀의 소재뿐만 아니라 유리의 성능과 냉기를 차단하는 기술의 차이를 알아야 하는 일이었다. 그런데 가만히 생각해 보면 창문에서 면적을 많이 차지하는 것은 창틀이 아니라 유리다. 단순히 창틀만 잘 골라서 해결될 문제가 아닐 거라는 생각이 들었다.

파주에는 내가 아는 출판사들이 여럿 있다. 파주에 출판 도시가 만들어지면서, 출판사들이 새로 사옥을 지었는데, 유리를 외장 마감재로 고른 곳이 많았다. 밖이 다 보이고 해가 잘 들어서 좋겠다고 했더니 돌아온 대답이 뜻밖이었다. 해가 잘 들다 못해 더워서 살 수가 없다나? 그리고 사방이 유리라서 블라인드를 쳐서 가려야 하고, 가구 배치하는 것도 여간 불편한 것이 아니라며 두 번 다시 유리로 안 지을 거라고 했다. 아마도 그 유리들은 로이유리가 아닐 가능성이 크다.

유리를 외장재로 마감한 건물은 단열에 취약한 것을 보완하기 위해 일반 유리가 아닌 로이유리Low-E를 써야 한다. 건축비 아끼려고 로이유리를 쓰지 않고 일반 유리를 쓰면 여름에는 찜통, 겨울에는 냉장고가 되고 만다. 이런 현상을 막기 위해 로이유리를 쓰는데, 로이유리는 유리에 얇게 은막을 입혀서 바깥에서 들어오는 자외선은 차단하고 안에서 생긴 온기는 바깥으로 빠져나가지 못하게 한다. 유리와 유리 사이에 아르곤가스를 넣으면 단열 효과는 더 좋아진다. 오래 고민하다 어차피 건축비가 늘어나는 것을 부담하기로 한 이상 최선의 방법을 선택하기로 했다. 그래서 턴앤틸트Turn&Tilt 시스템 창호에 로이유리를 끼우기로 결론을 냈다. 이왕 하는 김에 더블로이로! 소형 다세대주택을 지으면서 창호 프레임 프로파일의 원산지와 여러 가지 기술을 묻고 견적을 의뢰받은 경우는 처음이라며 창호 업체들은 나더러 건축가냐고 묻는다. 공부하는 아줌마일 뿐인데.

　　　우리 집에서 가장 어려웠던 창호 공사는 곡선 부분이었다. 이 곡선 때문에 창호 업체에서는 상당히 어려움을 겪었다. 곡선 창틀을 만들기 어렵다고 다른 곳은 다 알루미늄창으로 한다 해도 곡선 창틀만큼은 PVC 창틀로 하자고 했다. 다른 창틀과 색깔을 똑같이 할 수 있고 단열에도 더 뛰어나니까 곡선 창만 PVC로 하는 것이 어떻겠냐는 것이다. 내가 할 수 있는 방법을 찾아보라고 고집을 부리는 바람에 알루미늄 창틀을 둥글게 구부리는 과정에서 창틀이 터지고, 또 터지고…… 일하는 아저씨들 속도 터지고……. 세 번째인가 또 터졌다는 얘기를 듣고는 나도 마음이 약해져서 그냥 PVC로 하라 했는데, 오히려 업체에서 오기가 생겼다. 세 번 실패했는데 그만두기는 오기가 생긴다 했다. 결국 창호 업체에서는 우리 집 곡선 창 하나 때문에 창틀 주물을 떠서 완성했다.

위 : 심하게 휘어진 곡선 창틀을 만들기 위해 본을 뜨고 있다.
아래 : 집 안으로 하늘이 들어와 있다. 여기에 서서 내다보는 바깥 경치는 근사하다.

## 미닫이창과 여닫이창의 장단점

대부분 창문은 미닫이 방식이다. 어떤 방식으로 여는 창문을 할지 건축가들과 충분히 의논하는 것도 중요하다. 208쪽의 그림은 우리 집 창문 시방서에 있는 몇 가지 예다. 각기 크기는 다르지만, 열리는 방식은 미닫이가 아니라 여닫이다. 그것도 안쪽으로 잡아당겨서 여는 방식이다. 미닫이는 창문을 열면 문이 겹쳐지게 되니까 가로 길이가 짧으면 창문 디자인이 아주 미워진다. 건물에 있는 창을 유심히 보자. 작은 창을 미닫이로 했을 때, 꽤 답답해 보였을 것이다. 따라서 우리 집처럼 세로가 가로보다 긴 창은 미닫이로 할 수 없고 여닫이로 해야 한다.

그런데 창문을 안쪽으로 열다 보니, 단점도 있다. 처음에는 익숙하지 않아서 창문을 열고 청소하다가 여러 번 머리를 찍었다. 날카로운 부분을 고무 패킹으로 감쌌으니 망정이지 안 그랬으면 크게 다쳤을 수도 있다. 그뿐 아니라 비가 오는 날 창문을 열면, 창에 묻은 빗물이 그대로 집 안으로 떨어진다. 또 한 가지. 창문을 닫을 때 밀어서 닫아야 하는데, 시스템 창호는 두께도 상당하고 그만큼 무거워서 밀어서 닫을 때 힘을 주게 된다. 미닫이처럼 슬라이딩 방식이 아니라서 창문 닫히는 소리가 자칫 크게 날 수 있기 때문에 조심해야 한다. 지금이야 익숙해져서 크게 소리 내지 않고 닫을 수 있지만, 처음에는 창문 닫을 때마다 "쿵" 하는 소리가 나는 것이 몹시 거슬렸다.

하지만 이런 단점이 싫다고 안에서 밖으로 밀어서 여는 여닫이 창문을 쓴다고 가정해 보자. 안에서 밖으로 열게 되는 창문은 모기장을 설치할 수 없다. 모기장은 창문 바깥쪽에 설치하게 되어 있다. 모기장을 달지 않으면, 밖에서 볼 때 집 모양이 훨씬 더 깔끔하다. 그렇지만 여름에 달려드는 모기, 벌레들을 어찌할 것인가! 기껏 고른 창틀 위에 모기장을 덧붙여야 한다는 걸 알았을 때 몹시 속상했다. 얼마나 거금을 투자한 창틀인데, 그 위에 저 투박한 모기장 틀을 고정시켜야 하다니! 눈에 띄지 않게 창틀 색과 맞추었다고는 하지만, 모기장 틀을 설치하니 모기장을 달기 전의 깔끔한 선이 지저분해졌다. 사람들은 표시 안 난다고 하지만 내 눈에는 몹시 거슬린다. 창문 디자인을 제대로 완성하려면 모기장 디자인도 제대로 하는 곳이 있어야 한다. 주변의 집들을 보면, 모기장을 단 창문과 그렇지 않은 곳이 확연히 차이가 난다. 창문 바깥쪽에 모기장을 달지 않는 방법을 개발할 수는 없을까?

아무튼 지금은 단점보다 장점이 많아서 잘 적응하고 있다. 창문을 다 열지 않고 위쪽만 빗각으로 열어서 환기를 시킬 수 있는 점은 그 무엇보다도 가장 편리한 점이다. 그리고 안에서 잠그면 밖에서는 창문을 열고 들어올 수 없기 때문에 굳이 방범창을 한다고 쇠창살을 달아 감옥같이 만들 필요도 없다. 이처럼 미닫이창과 여닫이창은 각기 장단점을 가지고 있으니 미리 잘 살펴보고 선택해야 한다.

© 사카구치 히로야스

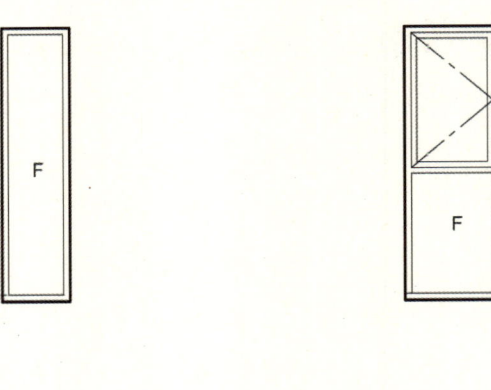

1

2

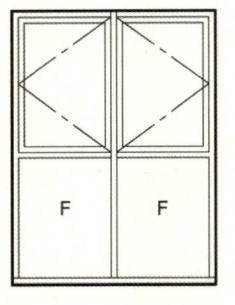

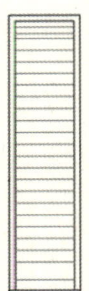

3                                    4

1. 열리지 않는 고정된 창. F는 고정 창이라는 의미.
2. 창문의 반은 열리고 반은 열리지 않는다. 손잡이가 왼쪽에 있고, 밖으로 열린다는 표시.
3. 아래쪽은 모두 고정 창. 위쪽은 바깥으로 밀어서 연다.
4. 보일러와 에어컨 실외기실에 쓰인 갤러리 창.

## 창을 열어 환기하는 생활 습관도 중요

그래도 여전히 걱정은 남는다. 창호 공사에 아무리 투자를 해도 입주자들이 관리를 잘못하면 소용없는 일이기 때문이다. 예를 들어 결로 현상을 이야기해 보자. 왜 결로가 생기는지 원인을 분명히 알지 못하면서 창호 공사가 잘못되었다고 하는 경우가 있다. 겨울이라 춥다고 자주 환기를 시키지 않거나, 오랫동안 곰국을 끓였다든지, 가습기를 지나치게 오래 튼다든지, 욕실 습기를 제대로 밖으로 빼내지 않는다든지……. 실내 습도를 지나치게 높게 만들면 결로의 원인이 된다. 이런 원인들은 환기만 자주 시켜 줘도 간단히 해결된다. 그렇기 때문에 아무리 추워도 환기는 자주 해야 한다. 우리 집은 한 공간에 두 개 이상의 창문이 있고, 창문이 하나만 있는 경우에도 방문을 열면 다른 외벽 창문과 통하게 설계가 되어 있어서 환기가 잘된다. 그래도 창문을 열지 않으면 방법이 없다.

한번은 이런 일이 있었다. 우리 집에 들어온 이웃 가운데 한 분은 집을 자주 비우는 경우가 많았다. 우리 집 방역 관리하는 세스코 직원이 그 집 보일러실에 곰팡이가 핀 것을 발견했다. 그 직원이 말해 주기 전까지 그 집에 살고 있는 사람도 몰랐던 거다. 통풍과 빛에 관해서 각별히 신경 쓴 설계였기 때문에, 곰팡이가 생기리라고는 상상도 못 했다. 알고 보니 세 들어 사는 이웃이 집을 자주 비우는데다가 한 번도 보일러실 문을 열지 않았다고 한다. 곰팡이가 핀 것도 전혀 몰랐다며 관리를 잘못해서 미안하다고 했다. 확실하게 환기가 되도록 환풍기가 아니라 커다란 갤러리창을 달았는데도 사는 동안 한 번도 창문을 열지 않으니 환기가 될 리 없었다.

나는 페인트 보수 팀장을 불렀다. 팀장님은 곰팡이가 난 부분 위에만 페인트를 덧바르는 걸로 마무리하려고 했다. 하지만 나는 내부를 완전히 말린 뒤, 우리 집 바닥 공사를 할 때 발랐던 덤프록으로 보일러실과 에어컨 실외기실 전체를 바르고, 다 마른 것을 확인하고 나서 그 위를 한 번 더 칠하게 했다. 덤프록은 방수 기능이 있고, 라돈가스를 차단하는 기능이 있어서 지하실 공사를 할 때 많이 쓰이는 재료다. 베란다에 곰팡이가 핀다면 응용해 보아도 좋을 것이다. 방수 효과가 있기 때문에 습기에 강할 것이고, 그런 환경에서는 곰팡이가 살 수 없을 것이다. 그리고 나서 던 에드워드 페인트를 두 번 더 바르는 것으로 깔끔하게 마무리하도록 했다. 팀장님은 20분이면 끝날 일을 반나절이 넘게 걸렸다고 투덜거렸지만, 한 번 손 댈 때 확실하게 해 두어야 속 편하다. 아무래도 이런 일이 체질에 맞나 보다.

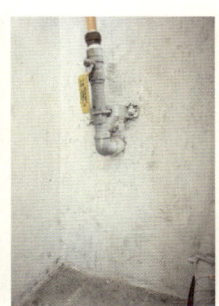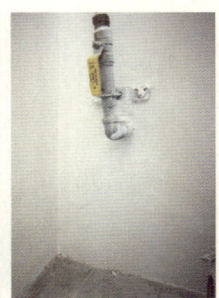

(왼쪽부터) 방수 페인트 덤프록, 곰팡이가 생긴 상태, 곰팡이 제거한 상태,
덤프록을 두 번 바른 뒤, 페인트를 두 번 발랐다.

# Tip.
## Low-e 유리를 쓸 수 없다면

로이유리는 상당히 비싸다. 만약 로이유리를 쓸 수 없다면 자외선 차단 필름을 써 보는 것도 좋은 방법이다. 3M 태양열 차단 윈도우 필름은 적외선과 자외선을 차단해 주는 기능이 있다. 에어컨의 냉기나 보일러의 난방열이 밖으로 빠져나가는 것도 막아 준다. 유리에 붙이기만 하면 되는 필름 형태로 되어 있으니 시공도 그다지 까다롭지 않다.

솔라메이트라는 국내 회사에서도 생산한다. 거울 효과(mirror effect)로 바깥에서 안이 들여다보이지 않게 해 주는 기능이 있는 것도 있다. 3M 안전과 방범 윈도우 필름은 자연재해나 사고가 났을 때 유리 파편이 날리는 것을 최소화하는 기능을 한다. 자동차 유리를 연상하면 될 듯.

그런가 하면, 겨울이 되면 뽁뽁이를 창문에 붙이는 집이 매우 많다. 포장재로 쓰이던 에어캡이 단열 효과가 있다고 알려지면서 앞뒤 필름 사이에 공기층이 있는 단열 에어캡도 생산하고 있다.

사족으로 덧붙이자면, 원유민 건축가는 이 뽁뽁이로 지붕을 만들어 '뽁뽁이 집'을 완공했다. 뽁뽁이로 천장을 한 까닭은 부족한 예산 때문이었다고 한다. 뽁뽁이 75겹으로 만든 지붕으로 단열 효과도 높이고 자연광을 실내로 끌어들이는 효과도 거두었다니 그저 놀라울 뿐이다. 없는 예산으로 단열과 채광을 보장해야 한다는 풀어내기 쉽지 않은 문제를 기가 막히게 해결했다. 참으로 지혜로운 건축가가 아닐 수 없다. 자신이 가진 재능을 소외 계층을 위해 쓰는 착한 설계, 착한 건축가다.

작은 집도 크게 쓰는
공간 활용

## 침대 대신 소파베드

요즘 협소주택이 새롭게 조명을 받고 있다. 그도 그럴 것이 이제 서울에는 더 이상 집을 지을 땅이 없고, 도심에 작은 땅을 가지고 있는 사람들도 재건축을 하게 되면 층을 올릴 수는 있지만 바닥 평수는 줄어들기 때문이다. 일본에서는 협소주택을 어렵지 않게 볼 수 있다. 작은 면적에 집을 지을 때도 2층 또는 3층으로 공간을 배치하는 구조를 흔히 볼 수 있다.

우리 집 2~3층에는 복층 구조로 된 집이 다섯 세대, 단층 구조로 된 집이 두 세대 있다. 침실과 거실 기능을 하는 곳은 위층으로, 부엌은 아래층으로 나뉜 구조다. 현관을 열면 거실과 부엌이 보이고 방들이 흩어져 있는 아파트 구조에 익숙한 사람들은 복층으로 나뉜 작은 집을 보고 어리둥절해 했다. 반면, 신혼부부들과 디자이너 또는 작업실이 필요한 사람들은 무척 반겼다. 위아래로 공간을 나눠 놓은 것에 매력을 느꼈기 때문이다. 곡선 벽과 천장에서 바닥까지 이어지는 세로 창은 집 안을 꾸밀 때 아름다운 요소가 되기도 하지만, 가구를 놓을 때는 걸림돌이 되기도 한다. 그래서 나카에 유지는 입주자들의 고민을 덜기 위해 가전제품이 놓일 자리도 정리했다. 모든 세대에는 빌트인 세탁기와 에어컨 그리고 화재 예방을 위해 인덕션을 미리 설치했다. 특히 301호의 경우는 시냇물을 연상시키는 S자 구조의 디자인을 망치지 않기 위해 빌트인 냉장고까지 미리 설치했다. 입주자들의 불편을 줄이고자 최선을 선택할 수 없을 때는 최악은 피하려 고심했던 것을 그들은 모르겠지만……

우리 집에 입주한 사람들은 가족 구성원들도 모두 다르다. 그만큼 구성원의 필요에 따라 각각 다른 가구가 필요했다. 202호에는 신혼부부가 둥지를 틀었다. 202호 이웃과 함께 필요한 가구를 디자인하고 목수 아저씨를

불러서 만들었다. 구석구석 필요한 수납공간을 손수 그리는 센스 있는 부부였다. 출입구 쪽의 벽 전체에 붙박이 선반을 짜 넣었더니 어지간한 것은 모두 정리할 수 있게 되었다. 뿐만 아니라 계단 위 빈 공간에도 수납장을 짜 넣어 옷과 다른 물건들을 넣었다. 마침내 이들이 이사 올 때는 남이 아니라 동생 내외가 이사를 오는 것 같은 기분이었다. 내가 어떤 마음으로 이웃을 기다렸는지 그들은 모를 것이다.

204호는 위층에 침실과 거실이 따로 있지만, 아래층에 소파베드를 놓아서 소파 또는 침대로 쓸 수 있도록 했다. 처음에는 소파베드를 쓸 줄 몰라서 달랑 소파만 있는 집에서 어떻게 자야 하는지 몰라 헤매다가 사용법을 알고 나서는 아하! 좁은 집 공간 활용에 아주 안성맞춤이다.

접이식 소파베드. 등받이를 뒤로 젖히면 침대가 된다.

205호는 집 안이 벽으로 나뉘어 있지는 않지만, 침실로 쓰는 공간과 부엌 공간이 숨어 있는 독특한 구조다. 이 집은 모든 가구를 짜서 넣었다. 바닥과 천장까지 꽉 차게 선반과 옷장, 수납장을 짜고, 침대도 짜서 넣었다. 천장을 다른 집보다 높게 설계했기 때문에 수납장과 옷장의 길이도 길어졌고, 덕분에 공간을 넉넉하게 쓸 수 있게 만들 수 있었다. 그리고 1인용 소파베드를 놓아서 소파로도 침대로도 쓸 수 있게 했다. 접이식 탁자가 놓인 집이 바로 205호다.

205호 평면도

왼쪽 : 천장까지 붙박이장과 선반을 짜서 넣었다. 오른쪽 아래 접이식 탁자가 있다.
오른쪽 : 곡선 구조 덕분에 현관문을 열어 둬도 밖에서 안이 전혀 보이지 않는다.

## 붙박이장과 선반으로 수납 해결

203호는 조금 특이한 경우였다. 대학생인 아이가 둘이나 있는 가족이 이사 오게 되었다. 한두 명이 살기에 알맞게 설계해 놓은 집이라 네 명 가족에게는 많이 좁다는 걸 우리도, 그 가족도 잘 알았다. 하지만 그 가족은 해마다 치솟는 전셋값 때문에 우리 동네를 떠나야 할 형편이었고, 그렇게 집을 옮겨 다니느니 조금 좁더라도 아름다운 우리 집에서 노후를 보내고 싶어 했다. 장성한 아이들은 머지않아 독립하게 될 것이다. 그때를 내다보고 고민 끝에 우리 집에 보금자리를 틀기로 했다. 그 뒤로 나와 그 집 안주인은 머리를 맞대고 좁은 집에 네 식구의 살림을 어떻게 들여놓을지 의논했다. 처음에 내가 폴딩 침대를 권했는데, 가족 모두 굳이 침대를 쓰지 않아도 된다고 했다. 침대보다는 이부자리가 편하단다. 그러자 의외로 일이 쉬워졌다. 침대를 들여놓지 않기로 하자 다른 것들은 그리 어렵지 않게 해결이 됐다. 살림꾼인 안주인은 작은 집인데도 구석구석을 잘 활용하는 지혜를 한껏 발휘했다. 불편함을 감수하고서라도 우리 집에 온 그들의 삶은 어떻게 변화되었을까?

203호 안주인은 현관문을 열면 바로 있는 작은 마당에 탁자와 의자를 놓고 화단을 가꾸기 시작했다. 햇빛이 좋은 날엔 가지나 버섯, 오미자를 말리고, 바람이 살랑 부는 날에는 두 내외가 탁자에 앉아 차를 마시곤 했다. 빛 좋은 날 꽃을 손질하고 있는 그 사람을 보면, 마치 타샤 튜더가 우리 집에 온 것 같은 느낌이 들곤 했다. 두 내외는 마치 이 집이 그들을 위해 설계된 것처럼 우리 집의 장점을 마음껏 즐겼다. 뿐만 아니었다. 그 집 남편은 집 안팎을 얼마나 깨끗하게 관리하는지 모른다. 비질하는 소리가 나서 내다보면, 언제나 그분이다. 그뿐이 아니다. 내가 쓰레기 분리수거를 하러 가면, 미리 다 정리를 해 두곤 했다. 함께 사는 이웃들을 위해 누군가 이렇게 보이지 않는 곳에서 수고하고 애쓴다는 것은 얼마나 감사한 일인가!

"아침이면 창으로 들어오는 햇살에 눈 뜬다는 것이 행복해요. 이 집에 이사 온 뒤로는 아침에 일어나면 몸이 아주 가뿐해요. 잠도 푹 자고요."

해가 들지 않던 전셋집에서 살았던 그분은 나카에 유지와 내가 애쓴 바로 그 부분, 바람과 햇살을 마음껏 누리고 있었다. 네 식구가 살기에는 집이 좁다고 불평할 만도 한데, 오히려 살수록 가치를 알게 되는 집이라는 고마운 말도 전해 주었다. 종종 그 집 안주인과 나는 마당에 있는 탁자에 앉아 이야기를 나누며 동네를 내다본다. 마치 언덕에 앉아 마을을 내려다보는 느낌이 든다. 좋은 이웃과 함께 산다는 건 든든하고 즐거운 일이다.

203호 이웃은 작은 공간을 200% 이상 활용한다.

## 내 손으로 만든 아줌마표 가구

우리 큰아들 방은 이상하게 생겼다. 아니 재미있게 생겼다. 남쪽 벽은 둥글고, 서쪽 벽은 사선으로 기울어져 있다. 네모난 방만 보다가 이렇게 생긴 방을 보니 느낌이 아주 독특했다. 남쪽으로 난 창문으로는 공용 공간인 작은 마당이 내려다보이는 것뿐만 아니라 길가까지 내다보이고, 동쪽으로 난 창은 거실의 곡선 창과 마주 보여서 종종 재미난 상황을 만들어 내곤 한다. 거실의 곡선 유리를 사이에 두고 아들의 방 창문과 거실 창문에서 서로 마주칠 때, 집 안에 같이 있으면서 마치 다른 집끼리 마주 보는 것 같은 재미난 상황이 생기곤 한다. 그럴 때마다 "안녕?" 손 흔들며 장난을 친다.

거실 쪽 곡선 창은 아들 방과 마주 보고 있다.

하지만 네모난 책상이나 옷장이 들어갈 수 없는 괴상한 생김새인 것도 맞다. 나는 그런 불규칙한 생김새가 아주 마음에 들었다. 내 작업실로 쓸까? 침실로 쓸까? 생각하다가 빛도 잘 들고, 내다보는 재미도 있는 공간을 내 작업실이나 침실로 쓰기에는 너무 아까웠다. 그래서 큰아들에게 양보했는데, 막상 아들 반응은 아리송. '어쩌라고?' 하는 난감한 표정이다.

"왜? 싫어? 싫으면 내가 쓸게."

"그건 아니고…… 멋지긴 한데, 책상은 어떻게 놔?

벽은 또 왜 저래?"

아들아이는 고래 배 속도 아닌 것이 둥근 저 벽은 무엇이며, 다락방도 아닌데 기울어진 벽에 어떻게 옷장을 놓겠나, 걱정이 됐던 모양이다.

"이렇게 멋진 공간을 네 것으로 만들려면 그런 고정관념을 버려!"

"……?"

"책상이 꼭 네모여야 해? 오려서 둥글게 만들면 되지!"

나는 종이에 반달 모양, 어떻게 보면 물고기처럼 생긴 둥근 책상 상판을 그렸다. 우리 집 목공사 할 때, 두꺼운 합판도 종이 오리듯 자르는 걸 보고 난 뒤라 둥근 책상을 만드는 것쯤은 일로 보이지도 않았다. 목수 아저씨는 내가 그린 반달 모양대로 자작나무 합판을 오려서 책상을 만들어 주셨다. 옷장은 기울어진 벽에 맞춰서 만들었더니 사다리꼴 모양이 되었다. 나는 그리고, 목수 아저씨는 나무를 잘라 만들고, 샌딩한 다음 바니쉬로 마감했더니 아주 근사한 가구가 되었다. 나카에 유지도 반달 책상을 보고는 재미있어했다.

"나카에 씨가 특이하게 생긴 집을 설계해 주신 덕분에

가구도 손수 만들어요."

작업실에서 쓰는 책장과 책상은 자작나무 합판으로, 옷 방 수납장은 미송 집성목으로 만들었다.

집에 찾아온 사람들은 건축 내·외장재뿐만 아니라 인테리어에도 관심이 많다. 가구는 정말 필요한 것만 만들고, 꼭 만들어야 하는 것은 친환경 소재로 한 것을 신기해했다. 특히 코코넛 타일로 만든 아일랜드바를 마음에 들어 했다. 내가 코코넛 타일을 쓰게 된 계기는 재활용한 친환경 자재라는 것이 흥미로웠기 때문이다. 버려진 코코넛 껍데기를 모아 껍질을 잘게 잘라서 타일처럼 이어 붙인 것이다. 벽을 장식할 때 많이 쓰이는데, 나는 이걸 가지고 아일랜드바를 만들기로 했다.

내가 원하는 크기를 그린 뒤, 두께가 40mm인 미송 각재목과 합판으로 몸통을 만들고 나서 친환경 본드로 코코넛 타일을 붙였다. 이 아일랜드바에는 부엌일을 하면서 그때그때 필요한 것을 꺼내 쓸 수 있는 수납공간이 많다. 씽크대와 마주 보이는 부분은 문을 달지 않아서 꺼내 쓰기 편리하게 했고, 식탁 쪽에서 보이는 부분은 코코넛 타일로 마감을 해서 지저분한 것이 보이지 않도록 했다. 식탁은 60mm짜리 원목을 사다가 대충 만들었다. 원목이 갈라지기 때문에 보통 집성목을 쓰는데, 나무가 갈라지는 자연스러운 느낌을 좋아하기 때문에 원목을 썼다. 원목을 잘라 5mm 간격만 띄워서 다리를 붙인 다음 다른 색은 전혀 입히지 않고 바니쉬만 발랐다. 집에 오는 사람마다 만들어서 팔지 않겠느냐고 물을 정도로 부러워했다. 보는 사람마다 칭찬을 하니 괜히 어깨가 으쓱, 이참에 가구 만들어서 팔까?

창호지 미닫이문을 열면 작업실이 훤히 보인다.
미닫이 나무는 미송, 책상과 책장은 자작나무로 만들었다.

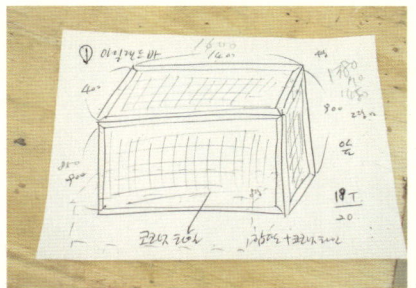

1. 아일랜드바를 만들고 있는 목수 아저씨들.
2. 코코넛 타일을 붙일 수 있도록 5mm 정도 움푹 들어가게 만든다.
3. 내가 그린 스케치.
4. KD우드테크의 코코넛 타일 화이트 파티나.

이런 바닥재
어때요?

## 대리석 느낌의 브릭폼

전실 바닥은 면적이 꽤 넓은 편이다. 바닥재가 당연히 신경 쓰일 수밖에 없었다. 대부분 바닥은 대리석을 많이 쓴다. 그런데 바닥에 대리석을 깔고 싶다면, 공간과 대리석이 어울리는지 먼저 생각해 보아야 한다. 어울리지 않는 곳에 대리석을 붙이면 비싼 돈 들여 안 하느니만 못한 결과를 얻게 된다. 비싼 자재를 쓴다고 건물이 고급스럽게 보이는 것이 아니다. 싼 자재라도 적절한 곳에 배치를 잘해야 한다. 그것이 건물 디자인의 힘이다. 굳이 대리석으로 시공하고 싶다면, 어떻게 붙일 것인지 심사숙고해야 한다. 왜냐하면 대리석은 규격이 정해져 있기 때문이다. 대리석을 어떤 모양으로 붙일지, 세세한 부분을 어떻게 마무리할지, 그리고 대리석과 대리석이 만나는 경계선은 어떻게 처리할지 하나하나 신경 써야 한다. 건물 전체 디자인을 생각하지 않고 줄만 맞춰 붙인다면 난감하다. 대리석 시공을 멋지게 해 놓은 곳을 잘 보면 면적이 작든 크든 색과 크기, 전체 디자인이 조화가 잘되어 있고, 치밀하게 계획을 세워서 한 것을 알 수 있다. 돌이 비싼 것이 아니라 그런 모양으로 앉혀 놓은 디자인 비용이 더 들었을지도 모른다. 대리석의 고급스러운 분위기를 제대로 살리려면 대리석을 깐 장소와 전체 디자인의 조화가 무엇보다 중요하다. 비싼 돌 붙였는데, 왜 이리 본때가 안 나나 후회한들 소용이 없다.

시방서에는 우리 집 전실 바닥을 대리석으로 시공하도록 되어 있었다. 나는 대리석을 만드는 회사들을 다니며 일일이 제품을 확인했다. 사람들 눈이 다 비슷비슷할 거다. 마음에 들면 비싸고, 싸면 질이 떨어지고…… 게다가 대리석을 보기 좋게 디자인해서 깔 자신은 더욱 없고. 잘해 봐야 본전도 못 건질 것이 뻔했다. 대리석 말고 방법이 없나? 그래서 시도해 보기로 한 것이

브릭폼이다. 나케에 유지에게 브릭폼으로 바닥 공사를 한 곳을 보여 주고 의견을 물었다. 나카에는 대환영! 왜냐하면 대리석은 어쩔 수 없이 대리석과 대리석 사이에 줄이 생기는데 브릭폼은 전체 면적을 하나의 면으로 처리할 수 있어서 오히려 대리석보다 더 자연스러워 보인다고 했다. 건축가는 동의했고, 소장님에게 나는 이미 '못 말리는 아줌마'다. 더 이상 내가 뭔가 새로운 자재를 실험해 보는 것에 대해 불평하지 않았다.

일단, 브릭폼으로 했을 때 어떤 문제가 일어날 수 있는지 알아봤다. 브릭폼은 난방 시설이 되어 있는 바닥에서는 갈라질 수 있다. 하지만 다행스럽게도 내가 깔려고 하는 곳은 보일러 난방을 하지 않는 전실 바닥이다. 또 브릭폼을 깔려고 하는 바닥에 습기가 있으면 문제가 생긴다. 브릭폼을 시공하기 전에, 또는 골조 공사가 끝나고 난 뒤 바닥을 충분히 말리는 것이 중요하다.

우리 집 건물 외벽에 화단을 만들었는데, 완공된 첫 해는 화단 물 빠짐이 나빠서 그랬는지 전실 바닥으로 습기가 들어와서 애써 공사해 놓은 브릭폼이 군데군데 들뜨는 현상이 일어났다. 하지만 화단을 다시 손보고, 브릭폼도 보수한 뒤에는 괜찮아졌다. 두 번째 여름을 날 때는 전혀 문제가 없었다. 자재의 특성을 하나하나 알아 가는 것이 꽤 재미있었다. 브릭폼은 사무실 바닥에도 많이 쓰인다. 브릭폼을 시공한 곳에 가 보면 무척 근사하고 개성 있다. 시공한 뒤 시간이 지나면서 실금이 생기기도 하는데 내 눈에는 자연스럽게 보여서 오히려 더 좋았다.

## 시공 방법

1. 콘크리트 바닥을 잘 말린 다음, 트리플 세븐 본드 코트Triple Seven Bond Coat를 바른다. 콘크리트 바닥과 그 위에 올리는 스테인이 딱 붙도록 접착제 구실을 한다. 현장에서는 하도제라고 한다.

2. 마이크로 토핑, 리퀴드 폴리머를 덮어 준다.

마이크로 토핑 : 리퀴드 폴리머의 비율은 3 : 1 정도가 알맞다. 마이크로 토핑은 가루고, 리퀴드 폴리머는 액체다.

이걸 어느 정도 두께로 바르느냐에 따라 달라질 수 있는데, 마르는 데 12시간 이상 걸린다.

3. 스테인을 바른다.

스테인의 색깔과 종류가 많아서 처음 써 보는 나는 어느 색깔로 해야 좋을지 알 수 없었다. 사진으로 보는 것과 실제 시공했을 때 색이 다르고, 바르는 사람이 어떻게 바르느냐에 따라서 천차만별이 되는 거다. 두 번의 공정이 끝나면 그림이 완성되는 셈인데, 여기다 어떻게 그리느냐에 따라 결과가 달라진다. 바닥은 무게감 있게 어두운 색으로 해 보기로 했다. 두 가지 색을 섞어 보았다.

4. 폴리 아스틱 실러를 덧발라 준다.

5. 맨 마지막 듀라왁스를 발라 마무리한다.

(왼쪽 부터) 마이크로 토핑, 리퀴드 폴리머, 폴리아스틱 실러 (사진 제공 : 던 에드워드)

## 우리 집에 쓰인 다양한 바닥재들

### 타일 - 2, 3층 현관

요즘은 타일 종류가 셀 수 없이 많기 때문에 집 안이나 외장 마감재로 쓰기에 아주 훌륭하다. 우리 집에서는 욕실 바닥과 현관 바닥에 주로 쓰였다. 2~3층 집들은 현관 바닥을 타일로 마감했는데, 오히려 대리석으로 마감한 4층 현관보다 훨씬 낫다. 비나 눈이 왔을 때 대리석 바닥이 미끄러워서 넘어질 뻔했다. 대리석은 어설프게 쓰느니 안 쓰는 것만 못하다.

### 콩자갈 - 공용 공간

콩자갈은 팥알만 한 검은 돌인데, 콘크리트에 섞어 바닥 미장을 하면 색다른 분위기를 느낄 수 있다. 우둘투둘한 표면이 보기에도 좋을 뿐만 아니라, 걸을 때 느낌도 좋다. 비가 올 때 물이 잘 빠지고, 대리석처럼 미끄럽지 않다. 이 방법 역시 브릭폼처럼 면적 전체를 이음새 없이 마감할 수 있어서 보기에도 좋다.

### 투명 우레탄 - 주차장

주차장은 칼라 콘크리트나 색깔 있는 우레탄으로 마감하는 경우가 많은데, 우리 집은 노출 콘크리트 건물이라 비슷한 느낌으로 맞추기 위해 투명 우레탄을 발랐다. 건축 과정에서 생긴 흔적들이 고스란히 드러나 자연스럽게 보인다. 처음에는 반질반질한 느낌이 들었지만, 시간이 지나면서 사용 흔적에 따라 번들거림도 없어지고 자연스러워졌다. 옥상은 회색 우레탄을 발랐는데, 그 느낌도 나쁘지 않지만 주차장처럼 투명 우레탄으로 할 걸 잘못했다.

© 사카구치 히로야스

© 사카구치 히로야스

© 사카구치 히로야스

위 : 주차장 바닥은 투명 우레탄으로 마감했다.
공사 현장의 흔적이 고스란히 드러나서 자연스럽게 노출 콘크리트 건물과 어울린다.
아래 왼쪽 : 자기질 타일을 깐 현관 바닥.
아래 오른쪽 : 계단과 공용 마당은 콩자갈을 깔았다.

우리 집,
미술관으로
변신

거기
사람이 살아요?

## 더불어 살아야 한다면 더욱 신중하게

살고 있던 단독주택이 너무 낡아서, 또는 노후 자금을 마련하기 위해 집을 헐고 다세대 또는 다가구주택을 짓는 경우가 많다. 단독주택을 헐고 다세대주택을 지어 분양하거나 임대를 하면 건축비도 감당할 수 있고, 달마다 세를 받으니 생활에도 보탬이 된다. 하지만 앞에서 말했듯이 오로지 수익성만을 목적으로 다세대주택을 짓는다면 여러 가지 문제가 생긴다.

부득이 공동주택, 그것도 4층에는 우리가 살아야 하는 건물로 지어야 한다고 결론이 났을 때, 나는 겁이 났다. 그동안은 나 혼자, 우리 식구만 살면 그만이었지만, 가깝게 지내든 가깝게 지내지 않든 이웃들과 한 건물에 같이 살아야 하니까. 더 부담스러운 것은 분양을 하든, 임대를 하든 돈을 받고 집을 내주어야 하는 거다. 우리는 집 장사도 아니고, 집주인 소리를 듣는 것도 몹시 거북했다. 오랜 고민 끝에 우리 부부가 결정한 것은 세 가지였다. 첫째, 우리는 작은 집이 필요한 사람들을 위한 디자인 주택을 짓자. 둘째, 집 안에 쓰이는 자재는 최대한 친환경 자재로 마감하자. 이름만 친환경인 것 말고. 셋째, 입주자들이 뜯어 고치고 싶어도 고칠 수 없는 부분들은 정확하게 해 놓자! 특히, 전기, 창호, 단열, 방수, 바닥 자재는 제대로 해 놓기로. 여기에 문제가 생기면 세 들어 사는 사람들은 불편해도 쉽게 뜯어고칠 수가 없기 때문이다. 완벽하지는 않더라도 하는 데까지는 해 보기로! 돈이 많아서가 아니라 나중에 돈 받는 것이 부끄럽지 않기 위해서 말이다.

도시형 생활주택이지만 작아도 뭔가 다른 집, 개성 있는 집으로 짓기로 했다. 부자가 아니더라도 그림같이 멋진 집, 건강에도 좋은 집에서 사는 행복을 나누고 싶었다. 디자인 주택이 이곳에 사는 사람들의 삶도 새롭게 디자인해 주기를 바랐다. 사람보다는 수익성만 쫓는 집을 짓기 싫어서 고민하고 애쓴 결과가 바로 지금의 '창조공간'이다.

창조공간의 야경.
대문부터 4층 현관까지 이어지는 계단과 벽에 조명등을 달았더니 저녁에는 집 전체가 환하다.

## 갤러리 같은 도시형 생활주택

우리 집은 독특한 겉모습 때문에 처음에는 사람들이 갤러리냐고 물었다. 집 이름도 00빌라, 00하우스 이런 이름이 아니라 '창조공간'이다 보니 더욱 그런 오해를 받을 만했다. 분양을 시작했을 때, 사람들은 겉모습만 보고는 분양, 또는 임대하는 집도 클 거라고 기대하고 찾아와서는 방이 없다고, 생각보다 작다고 실망했다. 그럴 수밖에! 우리 집은 '도시형 생활주택'이다. 실내 면적이 10~14평 정도인 아주 작은 집이다. 작은 집은 멋지게 지으면 안 되나? 게다가 방으로 공간을 나눈 것이 아니라 층으로 공간을 나눈 복층 구조이고, 큰 집을 필요로 하는 사람이 아닌 작은 집을 필요로 하는 1~2인 가구 또는 소호족이나 작가들처럼 자기 작업실이 필요한 사람을 위해 지은 도시형 생활 주택이기 때문이다. 집의 건축 목적과 용도를 정확히 알지 못한 채 찾아와서 집이 작다고 불평하면……, 여기서 이러시면 안 됩니다. 멋지게 생긴 집에서 널찍하게 살아 보고 싶은 마음도 모르는 바는 아니지만 이 동네 땅값이 무척 비싸기 때문에 각 세대의 평수를 넓혔더라면, 보통 사람들한테는 그림의 떡이 되었을 것이다.

이 집은 독특한 겉모습뿐만 아니라 내부 구조도 똑같은 집이 하나도 없다. 사람 생김새도 모두 다른데, 똑같이 생긴 집에서 사는 건 재미없다. 이리 구부러지고 저리 구부러진 모양새, 상상도 하지 못했던 구조를 보고 어떤 집 장수는 '아주 못쓰게 생긴 집'이라고 했다. 이해 못 할 일은 아니다. 아무튼 보는 사람에 따라 완전히 호불호가 갈렸다. 짐작한 일이었다. 답사 오는 건축가들은 감탄해 마지않으나, 보통 사람들은 고개를 갸우뚱.

'이거 뭐지?'

이런 집에 살면 재미있겠다고 젊은 부부들은 계약하려는데, 부모들은 쌍수를 들고 반대했다.

"이렇게 이상하게 생긴 집 말고 아파트로 들어가!"

그럴 줄 알았다. 모두가 찾는 집이 아니라, 조금 다르게 살고 싶었던, 이런 집을 짓고 싶어도 못 짓는 몇몇 사람을 위해 지었으니까. 부모의 반대로 눈물을 머금고 돌아선 젊은이들이 한둘이 아니었다. 안타까운 일이었지만 어쩌겠나. 더 안타까운 일은 부동산을 통해서 집을 보러 오는 사람들은 거의 대부분 건축의 특성이나 친환경 자재에 대해 설명해 주려 해도 관심이 없었다. 친환경은 무슨 얼어 죽을……. 잘 아는 언니조차 이렇게 말했으니까.

"뭐하러 이렇게 힘들게 지었니? 그냥 남들처럼 짓고 말지. 세 들어오는 사람들은 친환경 자재를 썼는지 안 썼는지, 건축가가 설계를 했든 누가 했든 그런 건 알아주지도 않아. 건축비 얼마 안 들이고 달마다 월세 따박따박 들어오는 게 최고지."

건축비 얼마 안 들이고 달마다 월세 따박따박이라……. 아, 그랬어야 했는데, 그러면 이 고생을 안 해도 됐을 텐데. 어쩌면 그게 맞는 말일 것이다. 많은 사람들은 우리 집처럼 생긴 집 말고 우리가 흔하게 볼 수 있는 평범한 집을 더 좋아한다. 곡선이나 계단이 있는 집보다 네모난 구조가 훨씬 익숙하다. 집 지으면서 힘들었던 게 문제가 아니라, 더욱 나를 힘들게 했던 것은 가치를 전혀 알지 못하는 사람들과 상대하는 일이었다. 그들 눈에는 그저 이상하게 생긴 집일 뿐이다. 그냥 남들 하는 것처럼 평범하게 지어야 분양하기도 쉽고 임대하기도 쉬웠을 거다. 동네 사람들은 이런 집은 강남에나 어울린다고 했다. 그들 말대로 이 동네에는 안 어울리는 집인지도 모른다. 집을 다 지어 놓고도 한동안 나는 사람들의 고정관념과 맞서느라 점점 지쳐 갔다.

## 사람이 살아요, 집이니까요

　인터넷에 연재하는 동안, 우리 집처럼 다세대주택을 짓겠다고, 대충 지어서 세만 받고 싶지 않다며 용기를 얻었다는 분들이 가끔 연락해 왔다. 그들의 가장 큰 고민도 나와 같았다. "그렇게 힘들게, 애써서 지어 놓은들 들어오는 사람이 알아주겠는가? 돈은 돈대로 들고 헛고생하는 거 아니냐?"고 물어 온다. 사실 건축가에게 설계를 맡기고 감리를 받고 친환경 자재로 마감하는 이런 모든 일은 단순히 돈이 많다고 할 수 있는 일은 분명 아니다. 그들도 돈보다 사람에 더 가치를 두는 사람들일 것이다. 우리 집을 보러 와서 걱정스럽고 불안한 눈길로 물을 때, 나는 그들의 마음을 충분히 헤아릴 수 있었다. 나는 있는 그대로 대답했다.

　"생각하신 대로 대부분의 사람들은 몰라줍니다. 하지만 여기 들어온 사람들은 압니다. 뭐가 어떻게 다른지. 그리고 무엇보다 좋은 이웃들이 들어옵니다. 용기를 내세요. 저보다 더 잘하실 수 있어요."

　그들은 우리 집을 보고 돌아가서 그들의 생각을 잘 실천했을까? 그랬기를 바란다. 나의 시행착오를 타산지석으로 삼아 우리 집보다 더 나은 결과를 얻었기를 진심으로 바란다.

집이 완공되고, 이 집으로 이사 온 지 얼마 안 되었을 때는 배달
하러 오는 사람들마다 전화를 했다. 대부분은 우리 집을 갤러리로 오해해서
사람이 안 사는 줄 알았기 때문이다.

"거기 사람이 살아요?"

"네. 사람이 살아요. 집이니까요."

그들은 겉모습만 보고 저게 집인가 싶어 물었겠지만, 나는 그 질
문이야말로 집을 지을 때 가장 많이 고려해야 하는 부분이라 생각하며 그 의
미를 곱씹어 본다. 집은 사람이 사는 곳이어야 한다고. 사람을 위한 집을 지어
야 한다고.

4층으로 바로 이어지는 대문.
컴컴한 주차장 안으로 들어가는 것이 싫어서 대문은 길가로 나오게 했다.

집을 집으로만
써야 하나요?

## 별나게 생긴 집은 별나게 살게 한다

    2014년 서울시 건축상 수상작이 발표되었다. 우리 집이 주거 부분에서 우수상을 받게 되었다. 여러 가족이 함께 사는 공동주택에서는 시도한 적이 없는 파격적인 설계와 입주자들을 배려한 인간적인 디자인 덕분이 아닌가 싶다. 우리 집을 지을 때, 더 이상 이 동네가 망가지지 않기를, 조금만 더 신경 써서 집을 지어 주기를 바랐던 우리 부부의 소망은 현재 진행형이다. 우리 집이 지어진 뒤, 우리 동네에도 건축가들이 지은 집들이 꽤 생겼기 때문이다. 지금까지 봐 왔던 집들과는 다르게 단순하면서도 세련되게 지은 집들이 여기저기 생기더니, 우리 집처럼 주차장을 노출 콘크리트로 마감한 집도 여럿 생겨났고, 계단실 전체를 유리로 해서 밝게 만든 집도 생겼다. 그런 집들을 볼 때마다 마치 친구를 만난 것처럼 반갑다.

    건축가들과 예비 건축주들이 우리 집에 많이 와서 살펴보고 궁금한 것은 꼬치꼬치 묻기도 했다. 조금은 번거로운 과정이었지만, 불가능하다고 생각했던 것을 현실로 이룰 수도 있다고 용기를 얻고 돌아가는 그들을 볼 때 즐겁기도 했다. 아무튼 꿈꾸었던 것이 헛된 망상으로 끝나지 않아서 정말 다행이다. 그뿐이 아니다. 우리 집처럼 과감하게 계단을 바깥으로 빼고 곡선 처리한 창조공간 2호도 완공이 되었다. 시작할 때는 무모한 도전이고 정신 나간 짓이라고 수군거렸지만, 지금은 많은 예비 건축주들의 벤치마킹 대상이 되었다. 사람들이 수군거리며 손가락질하던 미운 오리 새끼는 알고 보니 백조였던 것이다. 그 생각을 하면 지금은 그저 웃을 수밖에.

    우리 집 현관문을 열고 들어서면 작은 로비가 나오는데, 이곳을 전실로 쓰고 있다. 원래 용도는 신발을 갈아 신는 현관이자 엘리베이터가 있는 엘리베이터실이기도 하다. 하지만 이곳은 내게 각별한 의미가 있다. 문을 열고 4층으로 올라가기 전, 마당을 지나 현관으로 들어갈 때처럼 집 안으로 들어가기 전에 잠시 숨을 고르는 공간, 없어진 단독주택의 마당 같은 곳이기 때문이다. 얼핏 보면 겨우 신발만 갈아 신고 올라가는 현관일 뿐인데, 이렇게 넓을 필요가 있나 생각할 수 있다. 식구들은 이걸 뭐 하러 만들었냐고, 놀리는 공간이라며 아깝다고 했다. 하지만 설계할 때부터 전실을 크게 만든 건 재미난 일을 계획하고 있었기 때문이다. 독특한 설계, 그것만 가지고는 뭔가 2% 부족했다. 별나게 생긴 집을 짓다 보니 별별 생각이 많았다. 동네에 새집이 하나 생겼다는 것 말고, 뭔가 새로운 이야깃거리를 꾸준히 만들어 내는, 문화 콘텐츠를 만들어 내는 구실을 할 수 있다면 긍정적인 효과가 있지 않을까 싶었다. 별나게 집을 지으니, 별꼴이 반쪽 같은 생각이 다 든다.

'집을 집으로만 써야 하나?'

'우리가 갤러리를 찾아가는 것이 아니라, 갤러리가 우리한테 찾아오면 안 될까?'

내 생각은 바로 집을 갤러리로 활용해 보는 것이었다. 대부분 갤러리는 우리가 사는 동네와는 떨어져 있다. 갤러리에 가려면 일부러 시간을 내야 하고 차를 타고 가야 한다. 특별히 관심을 가지지 않으면 평생 한두 번 갈까 말까 한 곳이기도 하다. 그런데 갤러리가 사람들이 있는 곳으로 찾아온다면 동네 슈퍼 아저씨도, 미용실 원장님도, 동네 사람이라면 아무나 들락날락할 수 있는 재미난 곳이 될 수 있을 것이다.

조금 엉뚱한 상상이지만 나는 독특하게 설계한 이 집이라면 그런 실험을 하기에 충분하다 생각했다. 바깥에 만든 계단과 작은 마당을 이용해 야외 갤러리로 꾸며도 좋을 것이다. 그래, 한번 해 보는 거야!

위 : (왼쪽부터) 창조공간 신동욱 실장, 도예가 김대웅, 허은순, 창조공간 이종선 대표.
아래 : 주차장 입구는 야외 전시 공간으로, 전실은 내부 전시 공간으로 탈바꿈했다.

## 우리 집, 미술관으로 변신

준공식 하던 날, 설치미술 작가들과 함께 전시회를 열려고 준비했다. 그런데 준공이 두 달 미뤄지는 바람에 전시회는 무산되었다. 그 뒤로 집을 갤러리로 하려던 계획은 상상으로만 끝나는가 싶었다. 그런데 2014년 가을, 문경에서 도예 작업하는 김대웅 작가가 우리 집에 찾아왔다. 썰렁하게 비어 있는 전실을 보고서 하는 말.

"여기서 전시회 한번 할까요?"

"이런 곳에서 전시회를 한다고 누가 오겠어요?"

대답은 이렇게 했지만, 그 순간 구석에 처박아 두었던 책이 펼쳐지는 느낌이 들었다.

"여기가 어때서요? 동네 전시회 하면 재미있겠는데요."

마치 주인이 제자리를 알아보고 판을 벌이는 느낌? 나는 망설일 필요가 없었다. 비어 있는 공간을 자신의 공간으로 만들어 보겠다는 작가의 생각은 미루고 미뤄 왔던 내 꿈과 일치하는 것이었다. 텅 비어 있었으나 설계할 때부터 내 나름대로 준비한 공간이다. 그 공간을 단박에 알아본 작가에게 박수를! 동네 미술관 프로젝트는 그렇게 시작됐다.

집이 미술관으로 변신하는 첫 번째 전시회로 도예전을 연 것은 여러모로 의미가 있다. 집이 우리 삶을 새롭게 디자인하듯, 그릇도 우리 삶에 많은 변화를 가져온다. 동네 미술관 프로젝트가 동네 사람들에게 쉽게 다가가기 위해서 김대웅 작가는 전시 주제를 '아줌마에 의한, 아줌마를 위한, 그 여자의 그릇'으로 잡았다. 아줌마가 지은 집에서 아줌마들을 위한 전시라……. 참으로 근사한 발상이다. 예술이 곧 우리 일상이 되는 참신한 시도가 아닐 수 없다.

집을 동네 미술관으로 만드는 계획은 순식간에 일사천리로 모든 것이 착착 진행됐다. 모든 준비를 끝내고 초대장을 돌렸다. 시장을 다니며 단골 가게 주인들에게 초대장을 나눠 주며 우리 집으로 초대했다. 사람들은 어리둥절해 했다.

드디어, 2014년 11월 5일 늘 닫혀 있던 우리 집 대문이 활짝 열렸다. 사람들은 미술관으로 변신한 전실에 들어서는 순간 무척 놀랐다. 지나가던 동네 꼬마는 방명록에 낙서하고 가라는 내 말에 부담 없이 낙서를 하고 갔다. 폐지 줍는 할아버지도 들어오시라 했더니 당신같이 못 배우고 무식한 사람이 뭘 알겠냐며 사양하셨으나, 그릇들을 보고는 아주 멋진 작품이라면서 좋아하셨다. 바빠서 숨 돌릴 틈도 없다는 택배 아저씨도 이럴 때 숨 한번 쉬어 보지 언제 쉬어 보겠느냐는 내 말에 작품들을 둘러보고 갔다.

작가는 전시 취지를 이렇게 밝혔다. "아줌마는 이미 충분히 사명을 다했으므로 이제는 아줌마를 여자로 돌려보내야 한다." 그의 작품이 아줌마들 손에 먼저 들려지고, 그것은 곧 우리 다음 세대 아이들에게도 이어질 것이다. '아줌마를 위한, 아줌마에 의한, 그 여자의 그릇'으로 주제를 잡은 작가의 생각이 통한 것일까? 아줌마가 지은 집에 많은 아줌마들이 모여들었다. 아줌마들은 여자가 되어 자신들을 위해 만든 그릇을 만지며 감동했다. 자신들처럼 평범한 사람들도 와서 작품을 만질 수 있도록 동네로 찾아온 갤러리와 작가에게 감사했다.

미술관은 그래야 한다. 누구나 들어갈 수 있는 곳, 어느 누구도 기죽지 않고 마음껏 작품을 볼 수 있는 곳. 예술은 우리의 일상이 되어야 한다. 평소에는 대문을 열어 놓을 수 없지만, 전시회를 하는 동안에는 집을 구경하고 싶은 사람들에게 대문을 열어 주고 집을 한 바퀴 둘러보도록 했다. 알고 지내지 못했던 이웃들도 들어와서 인사를 나눴다. 주차장까지 전시 공간으로 꾸며 놓으니 주민들은 아주 좋은 생각이라며 반가워했다.

"정말 재미난 생각을 하셨네요. 건물을 가진 사람들이 이렇게 주차장을 예술 공간으로 활용하면 동네 분위기가 정말 달라질 텐데 말이에요."

"계속 전시를 하실 생각은 없으세요?"

집이다 보니 1년 열두 달 미술관으로 문을 열어 둘 수는 없겠지만, 앞으로도 가끔 우리 집은 미술관으로 변신할 계획이다. 별짓 다한다고 말할 수도 있겠지만, 집을 별나게 짓지 않았더라면 이렇게 별난 즐거움은 누리지 못했을 것이다.

김대웅 작가도 동네 미술관 프로젝트를 조금 더 이어 가면서 동네의 변화를 관찰해 보는 것도 흥미로운 일일 거라고 했다. 동네 미술관 프로젝트를 다음 해, 그다음 해 이어서 하면 어떻겠느냐 한다. 그것 참 좋은 생각이고 말고! 혹시 이 동네 미술관 프로젝트에 감동받아서 누군가 우리 집처럼 주차장이나 비어 있는 공간을 작은 미술관으로 여는 기적 같은 일이 또 생기지 않을까? 그러다 작은 미술관들이 이 길에 하나둘 생기는 거 아냐? 만약 정말로 그렇게 된다면 우리 동네는 특별한 동네가 되겠지? 정말 그런 일이 일어날 수 있을까? 상상은 자유다! 꿈으로 끝난다 할지라도, 꿈은 계속 꾸어야 한다. 김대웅 작가처럼 사람들과 같이 호흡하기를 원하는 작가들이 있는 한 동네 미술관 프로젝트는 올해도 다음 해에도 이어질 것이다.

미술관으로 변신한 전실. 왼쪽 벽에 있던 전기 단자함을 가리기 위해 수묵화를 걸었다.

## 만약, 다시 한번 집을 짓는다면

　　이 집을 지으면서 가슴을 쓸어내린 일이 한두 가지가 아니었다. 한 고비 한 고비 넘기며 여기까지 왔다. 만약 이 일에 큰 의미를 두고 끝까지 함께해 준 사람들이 없었더라면 실패로 끝났을 것이다. 창조공간은 우리 일상과 가장 밀접한 관련이 있는 건축이 어떻게 하면 조금 더 나아질 수 있는지, 어떻게 하면 사람들의 삶을 바꿀 수 있는지 과감히 시도해 본 결과물이다. 사람들이 찾아와서 묻는다.

　　"이 집을 짓고 살아 보니 어떠세요?"

　　한마디로 말하면, 삶의 폭이 이전과는 견줄 수 없이 달라졌다.

　　현장감독으로 집을 짓는 내내 짓는 과정을 지켜보며 잔소리를 늘어놓았던 경험 덕분에 이제는 또 집을 지으라고 해도 지을 수 있을 것 같다. 아주 먼 일이겠지만, 한번 더 집을 짓는 기회가 생긴다면, 또 실험해 보고 싶은 것들이 많다. 예를 들면, 숯이나 짚과 같은 천연 자재로 만든 단열재도 실험해 보고 싶고, 동파 방지를 위해 수도에 열선을 까는 것도 시도해 보고 싶다. 갑자기 한파가 몰아닥치면 수도가 어는 경우가 있는데, 그것은 계단실이 건물 내부에 있는 것이 아니라 밖에 있기 때문에 그럴 것이다. 두 해 겨울을 지내고 나니 사계절 날씨 변화에 따라 어떻게 집을 관리해야 하는지도 다 파악이 됐다. 처음에는 곡선 계단 설계를 보고 눈이 쌓이는 것을 걱정한 나머지 지붕을 씌우자는 의견도 있었으나, 그렇게 했다면 이 집의 곡선이 이처럼 아름답게 보이지 않았을 것이다. 그때 우리 내외는 조금 불편하게 사는 쪽을 선택했다. 조금 불편한 대신 곡선 계단에서 하늘을 바라보는 아름다운 풍경은 포기하지 않기로. 한겨울에는 눈을 쓸어야 하는 번거로움이 있긴 하지만, 자기 집 앞 눈을 쓰는 것이 뭐 그리 대단히 어려운 일이라고? 눈이 많이 내린 날, 눈을 쓸고 있자니 206호 이웃이 얼른 나와 거들었다. 왠지 미안한 마음이 들어 한마디 건넸다.

"눈 치우시느라 번거로우시죠?"

"번거롭긴요, 이런 집에 사는 재미죠. 뭐."

그 말 한마디가 어찌나 고맙던지. '이런 집에 사는 재미'라는 말에 참 많은 것이 담겨 있지 않은가. 그분은 이 집이 왜 이렇게 생겼는지, 굳이 왜 이렇게 지었는지 공감하는 분이 틀림없다. 눈을 쓸어야 하는 불편은 있지만, 겨울 내내 눈이 내리는 것도 아니고, 오히려 계단이 있기 때문에 하늘을 보고 여유를 누릴 수 있지 않은가. 뭐든 편하려고 들면 한이 없다. 무언가 조금은 불편한 것이 어찌 보면 인간에게 유익하다. 사소한 불편이 몸을 움직이게 하고, 생각하게 하고, 긴장감을 갖게 한다. 때로는 그 긴장감이 정신을 흐트러지지 않게 한다.

우리 집을 완벽하게 잘 지었다고 할 수는 없지만, 최선을 선택할 수 없을 때는 최악을 피해 차선을 택했다고 말할 수 있다. 집을 짓고자 하는 건축주들마다 요구도 다를 것이고, 여건도 다를 것이다. 그림 같은 집을 짓고 싶겠지만, 모든 것을 만족시킬 수는 없을 것이다. 그럴 때는 목적을 분명히 하면 방법을 찾을 수 있다.

집은 삶을 바꾼다. 이 집이 내 삶에 엄청난 변화를 가져다준 것처럼. 이 글을 읽는 독자들이 집을 짓고자 한다면 집에 어떤 생각을 담을 것인지 조금 더 고민해 보자. 집은 그 안에 사는 사람의 얼굴과 같아서 숨김없이 드러난다. 집에 어떤 생각을 담았느냐에 따라 집도, 삶도 달라질 것이다. 당신의 얼굴, 당신의 생각이 담긴 집이 동네 풍경도 바꿀 것이다.

## 건축 개요

| | |
|---|---|
| 위치 | 서울시 광진구 |
| 용도 | 도시형 생활주택, 다세대주택 |
| 대지면적 | 326㎡ |
| 건축면적 | 194.48㎡ |
| 연면적 | 465.68㎡ |
| 규모 | 지상 4층 |
| 주차 | 7대 |
| 높이 | 13.1m |
| 건폐율 | 59.66% |
| 용적률 | 142.85% |
| 구조 | 철근콘크리트 벽식 구조 |
| 외부 마감 | 노출콘크리트, LG Turn & Tilt 시스템창호, T26더블로이 복층유리 |
| 내부 마감 | 천장, 벽 - 던에드워드 페인트 |
| 바닥 | (주)KD우드테크 방습마루 |
| 준공 | 2013. 8 |

## 함께 집을 지은 분들

| | |
|---|---|
| 총괄 진행 | 이종선(창조공간) |
| 설계 | 나카에 유지(NAKAE ARCHITECTS), 윤민환 |
| 실시설계 | 율건축사사무소, SCAF |
| 구조설계 | 모아구조기술사사무소 |
| 기계설계 | 타임테크 |
| 전기설계 | 건창기술단 |
| 감리 | 에스디그룹건축사사무소 |
| 시공 | (주)흥해종합건설(대표 최재달) |
| 현장소장 | 이인수 |
| 골조 | 한재봉 |
| 노출콘크리트 | 전정호, 조승현 |
| 설비 | 최진호, 임종배(신일종합설비) |
| 전기 | 조재군, 송윤옥, 천경찬, 천경무, 김평섭, 배양곡 |
| 창호 | 권태진(영진건철) |
| 금속공사 | 임영선, 최성일, 김천복(영진건철) |
| 도장 | 이성용, 전경호, 이지연, 임성림, 김주택 |
| 내장목공 | 박남규, 이인우, 윤정필, 이용근, 박홍규, 최동복 |
| 미장과 조적 | 심재호, 김사성, 공도식(형보건설) |
| 주방가구 | 김민성, 최철민(한샘 디자인편) |
| 타일 | 송태경, 김병렬, 김현석, 정경희, 한경일 |
| 마루 | 이석호, 김판길 |

BahkJoungYeon

## 참고 목록

### 단행본 (가나다순)

《건축, 생활 속에 스며들다》 조원용, 씽크스마트, 2013

《건축, 세상을 향해 소리치다》 서재효, 세창미디어, 2013

《건축용어대사전》 김평탁, 기문당, 2007

《건축을 꿈꾸다》 안도 다다오, 이규원 옮김, 안그라픽스, 2012

《건축을 뒤바꾼 아이디어 100》 리차드 웨스턴, 김광현·서울대 건축의장연구실 옮김, 시드포스트, 2012

《건축이 말을 걸다》 데이비드 리틀필드·사스키아 루이스, 온영태·신춘규·이준석 옮김, 도서출판 대가, 2007

《건축이 태어나는 순간》 후지모토 소우, 정영희 옮김, 디자인하우스, 2012

《건축재의 표현》 스페이스타임 편집부, 시공문화사, 2011

《공간 공감》 김종진, 효형출판, 2011

《김봉렬의 한국 건축 이야기 1》 김봉렬, 돌베개, 2006

《나는 건축이 좋아지기 시작했다》 더그 팻, 김현우 옮김, 라이팅하우스, 2013

《나무처럼 자라는 집》 임형남·노은주, 교보문고, 2011

《내 손으로 짓는 내 집》 권길상, 한문화사, 2013

《다시, 관계의 집으로》 최우용, 궁리, 2013

《다시, 집을 순례하다》 나카무라 요시후미, 정영희 옮김, 사이, 2011

《도시와 문화를 바꾸는 곡면의 건축》 운용집·이미혜, 시공문화사, 2010

《마흔에 살고 싶은 마당 있는 집》 이승헌·이종민, 인사이트북스, 2013

《북유럽의 집》 토마스 슈타인펠트·욘 슈타인펠트, 배명자 옮김, 한스미디어, 2013

《사람을 닮은 집, 세상을 담은 집》 서윤영, 서해문집, 2012

《사람을 살리는 집》 노은주·임형남, 예담, 2013

《생활 속의 건축 이야기》 장정제·조영배·변대중, 시공문화사, 2010

《아파트와 바꾼 집》 박철수·박인석, 동녘, 2011

《9평 하우스》 하기와라 유리·9평 하우스 오너 클럽, 다빈치, 2012

《우리 가족이 처음 지은 집》 건축주가족, 마티 편집부 옮김, 마티, 2012

《안도 다다오》 안도 다다오, 송태욱 옮김, 미메시스, 2011

《LEED, 미래의 건축》 한국 LEED 연구소 엮음, 새로운사람들, 2009

《LEED AP 친환경 건축 전문가》 브래드 박·한국리드연구소, 허원미디어, 2011

《작아도 기분 좋은 일본의 땅콩집》 주부의 친구 엮음, 박은지 옮김, 마티, 2011

《자벌레의 세상 보기》 황기원, 학고재, 2013

《작은 땅 내 집 짓기》 주부의 친구, 로그인, 2012

《전원주택 집짓기의 모든 것》 박종수, 열린세상, 2012

《제가 살고 싶은 집은》 이일훈·송승훈, 서해문집, 2012

《주거해부도감》 마스다 스스무, 김준균 옮김, 더숲, 2012

《지속가능한 설계철학》 제이슨 맥레넌, 윤기병·정옥희 옮김, 비즈앤비즈, 2009

《집을 생각한다》 나카무라 요시후미, 정영희 옮김, 다빈치, 2008

《집을, 순례하다》 나카무라 요시후미, 황용운·김종하 옮김, 사이, 2011

《집을, 짓다》 나카무라 요시후미, 이서연 옮김, 사이, 2012

《최고의 집을 만드는 공간 배치의 교과서》 사가와 아키라, 황선종 옮김, 더숲, 2013

《친환경 건축이 지구를 살린다》 전점석, 나루북스, 2012

《친환경 공간디자인》 연세대학교 밀레니엄환경디자인연구소 엮음, 연세대학교출판부, 2003

《파사드》 스페이스타임 편집부, 시공문화사, 2011

《한권으로 읽는 집이야기》 김집, 책만드는토우, 2010

《한영 건축용어집》 대한건축학회 편집부, 대한건축학회, 2011

**참고 자료**

국토교통부, 〈보도자료 : 녹색건축 인증에 관한 규칙 및 인증기준 개정 시행〉 2013. 6. 27

환경부, 〈환경부령 제463호 : 다중이용시설 등의 실내공기질관리법 시행규칙〉 2012. 7. 4

국토해양부, 〈국토해양부고시 제2009-1217호 : 공동주택 바닥충격음 차단구조인정 및 관리기준〉 2009. 12. 18

**월간지**

〈PLUS〉 (주)플러스문화사, 2010. 3

**웹사이트**

미국 환경보호청 : www.epa.gov

Green Home : www.proudgreenhome.com

미국 친환경 건축물 인증 : www.usgbc.org

영국 친환경 건축물 인증 : www.breeam.org

공기 청정을 위한 인증 : www.greenguard.org

친환경 선호 제품에 대한 과학적 인증 : www.scscertified.com

북미 최대 환경규격 인증 : www.ecologo.org

에너지 고효율 인증 : www.energystar.gov

친환경 제품의 표준 : www.greenseal.org


**신문·기타**

한국목재신문 : 2011년 7월 20일 '친환경 목재접착제 연구동향'

한국일보 : 2008년 3월 9일 '美 주택경기 추락에도 그린 홈은 날개'

YTN : 2014년 2월 19일 '생태건축은 에너지 위기 극복의 효율적 대안'

이투데이뉴스 : 2011년 10월 5일 '새집증후군' 유발 건축자재 10종 사용 제한

동아일보 : 2013년 11월 4일 '원유민 건축가 뾱뾱이집은 다문화가정의 해피하우스'

내일신문 : 2006년 10월 18일 '생생마당-친환경 건축자재 유해물질 논란'

아웃도어뉴스 : 2014년 2월 17일 '소재이야기 / 나무①'

환경일보 : 2014년 4월 24일 '친환경 접착제, 건강한 주거환경 이룬다'

별난 아줌마의 깐깐한 집 짓기
설계부터 완공까지 착한 집 짓기 프로젝트

## 우리 집 어떻게 지을까?

---

글과 사진     허은순

1판 1쇄 발행   2015년 5월 22일

펴낸이        이영혜
펴낸곳        디자인하우스
              서울시 중구 동호로 310 태광빌딩
              우편번호 100-855 중앙우체국 사서함 2532
대표전화      (02) 2275-6151
영업부직통    (02) 2263-6900
팩시밀리      (02) 2275-7884, 7885
홈페이지      www.designhouse.co.kr
등록          1977년 8월 19일, 제2-208호

편집장        김은주
편집팀        박은경, 이소영
디자인팀      김희정
마케팅팀      도경의
영업부        문상식, 고은영
제작부        이성훈, 민나영, 이난영
교정·교열     이혜숙

출력·인쇄     중앙문화인쇄

ISBN 978-89-7041-662-5 13590

가격 16,000원